翻轉學

翻轉學

翻轉學

翻轉學

簡短卻強大的3分鐘簡報

好萊塢金牌導演教你「WHAC法」成功提案，
用最短時間說服所有人

THE 3-MINUTE RULE

Saying Less to Get More from any Pitch or Presentation

布蘭特·平維迪克 Brant Pinvidic——著　易敬能——譯

目錄

目錄

目錄

好評推薦

「精簡的架構，實用的步驟，連常常分享講師和簡報課程的我，仔細拜讀後更感到功力大增，推薦給常常需要簡報和比稿的職場菁英。」

——李河泉，商周CEO學院課程教練、「主題講師班」課程創辦人

「三分鐘能幹麼？看部YouTuber？聽一集Podcast？還是聊一場Clubhouse？天下武功、唯快不破！讓好萊塢布蘭特用三分鐘，幫你的簡報打開全新的一頁！」

——蔡緯昱，百大企業培訓教練

「如果大家都能效法布蘭特．平維迪克，在三分鐘內成功提案，好萊塢在午餐前就能搞定所有工作。我在此鼓勵所有靠簡報討飯吃（甚至偶爾要做簡報）的人，好好讀這

本書，懷抱書中蘊含極具意義，又中肯的簡報技巧。」

——凱文・貝格斯（Kevin Beggs），
美國獅門娛樂集團（Lionsgate Television Group）董事長

「我的整個團隊都必讀本書。本書內容徹底改變了我們溝通、銷售和行銷模式。」

——喬桑・托斯（Joe Santos），
美國銀行美林證券（Bank of America Merrill Lynch）董事兼區主管

「我曾在最難搞定的場合見過布蘭特，他是簡報界天王無誤。希望讓簡報更有效、更難忘的人一定要讀這本書。」

——莉姿・潔特莉（Liz Gateley），思播有限公司（Spotify）創意開發主管

「布蘭特創造了三分鐘法則，因此馳騁娛樂界。現在我們可以把這套規則應用在任何產業、任何簡報和任何觀眾上，同時享受驚人的效果和成功！」

「這本書我只讀到一半，就已在三場會議中應用這套原則。這本書最契合現在社會的需求。」

——史提夫・帝漢尼（Steve Tihanyi），
美國通用汽車（General Motors）前總經理

——麥可・格魯伯凱（Michael Gruber），
美國凱撒娛樂（Caesars Entertainment）新事業部執行長

「我觀察布蘭特實踐這套法則將近二十年。對商務人士來說，他的專業和個人魅力使這本書富含娛樂性、資訊性和必要性。」

——大衛・加芬克爾（David Garfinkle），
美國電視節目《原始生活二十一天》（*Naked and Afraid*）執行製作

「布蘭特不斷地打造出最具創意又最難忘的簡報，因此獲得了良好的名聲。現在大家可以向他學習，實踐這本書的內容了。」

——保羅・布凱里（Paul Buccieri），
美國 A＋E 電視網（A+E Networks Group）總裁

「擁有絕佳的構想只是第一步。布蘭特最爐火純青的功夫，就是將構想傳達給全世界，讓大家興奮地買下節目。現在大家在書中，也可以學到他這套簡單又好懂的方法了。」

——布萊德・富勒（Brad Fuller），
美國白金沙丘製片公司（Platinum Dunes）合夥人

「想讓簡報有效又難忘的人必讀的一本書。」

——湯尼・狄聖托（Tony DiSanto），
美國音樂電視網（MTV）前節目總裁

「本書讓我們學到，所有人都能學得更好的重要一課。」

——強納森・穆雷（Jonathan Murray），
美國 BMP 節目製作公司（Bunim/Murray Productions）創辦人

「布蘭特和本書確切說明，如何用最簡單的方式將想法傳達他人、達成目標。」
——傑夫・加斯潘（Jeff Gaspin），
美國全國廣播公司（NBCUniversal Television Entertainment）前董事長

「我敢打包票，布蘭特是我合作過最棒的夥伴，本書是他有史以來最棒的傑作。」
——漢克・科恩（Hank Cohen），
美國米高梅環球電視集團（MGM Television Entertainment）前總裁

「本書是溝通聖經，簡報適用，終身也適用。」
——湯姆・謝爾曼（Thom Sherman），
美國哥倫比亞廣播公司（CBS Entertainment）節目部資深執行副總裁

「我擔任購片員時，看過幾千場簡報，就屬布蘭特的最讓人難忘。在他講述大綱時，總有辦法把最複雜的概念講得簡單又好懂。」

——約翰．薩德（John Saade），
美國廣播公司（ABC Entertainment）
另類影集、特別節目及深夜節目前執行總裁

「我經常被問到：『要怎麼提出概念比較好？』現在我可以簡單回答：『一定要讀這本書，而且要徹底實踐才行。』」

——喬恩．辛克萊爾（Jon Sinclair），
美國歐普拉電視網（The Oprah Winfrey Network）
節目開發執行副總裁

「我親眼目睹布蘭特舉重若輕地展現堪稱最難掌握的技巧。本書也是如此。」

——帕拉格．馬拉迪（Paraag Marathe），

——美國美式足球舊金山四九人隊（49ers Enterprises）總裁兼營運部執行副總裁

「商業書籍很少讀起來這麼有趣、實用又深入。本書是所有想做任何提案或簡報的必讀書籍。」

——比爾．華爾席（Bill Walshe），美國總督飯店集團（Viceroy Hotel Group）執行長

「布蘭特讓大家明白，現代溝通科技已大幅改變。吸引大家聆聽你的想法，真的是一門溝通藝術。和我看過絕大多數的業界專家相比，我認為布蘭特對如何大幅提升溝通效果的思考最深入，概念也最豐富。」

——大衛．韋爾德四世（David Weild IV），美國股票交易所納斯達克（NASDAQ）前副董事長

「把這本書讀了一次，再加上短短的三分鐘後，當我講述自己的案件及和解概念，或者對我生活中的決策者（法官、陪審團甚至是對方律師）遊說某項概念時，我的遊說技巧大幅提升了。」

——羅賓・薩克斯（Robin Sax），加州洛杉磯卸任檢察官

「就算你有全球最棒的概念，如果不懂得怎麼簡報，又有什麼用？本書提供了必要的技巧和信心，讓你擁有完美的簡報。」

——派翠克・卓瑞克（Patrick Drake），德國宅配生鮮公司 HelloFresh 共同創辦人

「只是簡短還不夠。本書講的是在提案或簡報時，要清晰、簡潔地創造價值。」

——希爾薇・迪・朱斯托（Sylvie di Giusto），國家演講者協會（National Speakers Association）認證專業演講者、主講人兼前紐約分會總裁

「本書的內容太讓我震驚了，不過其實也在意料之中。從布蘭特剛來洛杉磯開始，我就不斷看他做提案。我向來覺得他具備非常獨特的能力，能以清楚、簡潔和有力的模式傳達概念。看來他想出該怎麼把祕訣傳授給我們了。」

——麥特．華登（Matt Walden），履諾集團（The Make Good Group）負責人

「如果身邊沒有本書，今天我就不會提案。」

——布萊恩．克里斯提亞諾（Brian Cristiano），美國廣告代理公司波德全球（BOLD Worldwide）執行長

「本書會將改變你個人和專業溝通的方式。」

——班尼．姆丁（Ben Nemtin），《你死前想做什麼？》（*What Do You Want to Do Before You Die?*）共同作者

「布蘭特把我們愛懷疑又愛挑剔的聽眾，洗成他龐大的粉絲群——包括我在內！本書以有趣的方式記錄了布蘭特的個性和實際生活經驗。募資人士必讀。」

——尼可．普朗（Nico P. Pronk），
美國克來寶資本公司（Noble Capital Markets）總裁兼執行長

「對所有商務人士都很重要，這本書該改名為《三分鐘鐵則》。」

——修．魯思文（Hugh Ruthven），麥當勞前營銷總監

「有一項關鍵技能對你的生涯能產生積極影響——就是簡潔明瞭地向他人解說概念。對於想學會這種技能的人，布蘭特絕對是權威人士。」

——喬許．薛佛德（Josh Scheinfeld），
林肯公園資本基金公司（Lincoln Park Capital）創辦人兼常務董事

前言
分心時代，想打動人心，只有三分鐘

每當你在進行提案、報告或簡報，試圖影響任何人做任何事時，對方在不到三分鐘之內，就會判定對你的第一印象，也會確定自己是否接受你的想法。這不是你的錯，這是人性。

人類的持續注意力在過去二十年不斷縮短。微軟最近的一項研究指出，人類的平均注意力只持續八．二秒。

連金魚都還有九秒。

這不代表我們都是弱智、無腦又心不在焉的殭屍（不過如果家中有青少年，可能就不會同意），其實正好相反。

實際上，現今人們更專注也更有效率。科技蓬勃發展，人們能立即取得大量的資訊，因此消費者非常懂得精打細算。一旦碰到冗長的解釋、廢話連篇或愛咬文嚼字的銷售技巧，他們的容忍度會瞬間變成零。在八．二秒內就開始恍神放空。

無論是對大型研究醫院董事會或高中的家長會做簡報，現在的觀眾只要迅速、清楚、簡潔的資訊。這樣的事實會狠狠打你的臉，想必你一定感受到痛了。

起碼我曾痛苦過，我們的處境都一樣。

成功的簡報，必須只靠資訊品質和資訊流，就能緊抓住觀眾的注意力，並持續到第一階段的決策流程結束為止。他們必須能針對你的想法形成概念，將優點套用在自己的情境中，然後願意繼續參與其中，或展現強烈的興趣，進而實現這個想法。

你大概只有三分鐘的時間，就要打動觀眾。

我也不例外。

一本商管書的前言通常超過十四頁。但讀者還沒讀完前六頁，就會決定要不要繼續讀。想也知道這大概花不到三分鐘的時間。

因此在切入正題前，我唯一的要務就是讓你興奮地讀完前六頁。像這樣：本書循序漸進地引導讀者了解如何運用策略，將業務、產品或服務濃縮成最有價值和吸引力的要素，成功簡化資訊。接著運用好萊塢精湛的敘事技巧，簡潔有力地傳達這些要素。

本書系統的核心原則如下：

企業、理念、產品或服務的價值，全都可以（也必須）在三分鐘內清楚、簡潔、準確地傳達出去。**在前三分鐘內，最重要的是，必須生動說明企劃案裡最有價值的要素，緊抓住觀眾的注意力、吸引他們投入。**

只要遵守這些規則，每次提案或簡報就會說得少，但效果更好。

我講的不是「電梯簡報」。和在電梯裡脫口說幾句好記的口訣相比，重要的會議、商業談判和有效的溝通要花的時間比較長，也更需要精心調整。

最重要的關鍵，就是以最吸引人的方式，提出最有價值的資訊，確保觀眾能對內容感興趣、願意參與其中。三分鐘不只是縮短簡報時間，也是依據**接近動機**的研究結果。研究指出，如果只要能讓消費者維持注意力三分鐘，就可以吸引他們，並創造出他們的欲望。

- **簡單就有力量。**
- **清楚就吸引人。**
- **資訊就是價值。**

箇中竅門就是把**想要說**的所有資訊，和**需要說**的重點區隔清楚。

本書會說明達成這個目標的確切步驟。

打造最有效、最具影響力的三分鐘，是一個包含兩個步驟的系統。請記得：本書其他章節會針對每項概念充分說明，並提出具體範例：

第一步：將資訊簡化和濃縮成最吸引人、最具價值和最必要的元素。打造一條逐項說明重點的路徑，清楚引導觀眾了解這項資訊，水到渠成得出你要的結論。

第二步：將前述元素結合，設計兼具娛樂和敘事效果的故事，抓緊觀眾的注意力，再增加內容到三分鐘，以便創造出他們對你目標的渴望。

只要運用書中的兩個步驟，就能以最強效的方式傳達資訊，同時確保觀眾能專心聆聽和理解簡報者的表達要點。

在整個流程中，你會發現如何：

- 運用好萊塢必勝的敘事技巧，讓普通的提案，搖身成為極具效率又引人入勝的故事。

- 將資訊清楚的以條列式呈現，透過一項項解說，引導觀眾得出正確的結論。
- 將前三分鐘打造成簡報中，最有感染力的時間，讓你有機會繼續維持觀眾的注意力。
- 將元素編織成有趣的故事，達成說得少，但效果更好的目的。

無論你是顧問、業務經理、速食店經理、健身教練或承包商，都能運用書中的指導原則，以最有效的方式將概念傳達出去。

這些原則也能充分應用在生活的各個層面，而且還能快速上手。

後面的章節會介紹**WHAC**法的四大步驟。這個效果強大的指南，能協助你辨認出簡報中最重的元素，再加以評估和排序。只要回答**WHAC**法的四個問題：「這是什麼？」（**W**hat is it?）「如何運作？」（**H**ow does it work?）「你確定嗎？」（**A**re you sure?）「做得到嗎？」（**C**an you do it?）就能把最關鍵的要點，編織成引人入勝的故事結構，然後會發現，在任何情境和關係下，都可以善用說故事的魔力。

本書一開始會將提案或簡報，拆解成項目要點的格式，再把這些要點擴展成核心價

值陳述句。接著運用一些好萊塢最有威力的說故事技巧，串聯這些陳述句。然後我會從頭開始教你，如何準備完整的三分鐘簡報。最後，我會分別說明提案、簡報或會議，應該如何開場或結尾。

過程中，你會遇到世界摔角娛樂（WWE）的總裁兼首席執行長，文斯・麥馬漢（Vince McMahon）、美國搖滾歌手瓊・邦・喬飛（Jon Bon Jovi）、美國知名節目主持人吉米・法隆（Jimmy Fallon）、美國影星卡麥蓉・狄亞（Cameron Diaz）與數十個絨毛兔、水管工、探油工、替馬匹搭建 Airbnb 的人和好幾位搞不懂狀況的執行長。也會了解什麼是「臀部窄道」*；發現「自由鳥」（Freebird）不是一首歌，而是一個應用程式；參加四十三人的電視台決策會議；做火警和電話測試；愛上便利貼、討厭簡報投影片，同時找到故事的**伏筆**和**王牌**。

這本書源自我二十年來擔任好萊塢製片、企業高階主管教練及簡報顧問的經歷。

我參加過將近一萬場的宣傳活動。運用這套系統讓我得以向四十多家電視網和發行商，成功賣出超過三百部電視和電影企劃案。我在三分鐘內就賣出的電視節目包括《完全改造：超級減重篇》（*Extreme Makeover: Weight Loss Edition*）和《酒吧救援》**，總收入近十億美元。

但我的方法不只適用好萊塢。過去五年裡，透過簡報和提案技巧教學，我不斷努力幫助和你有類似困擾的人士——不管他們想賣的是什麼。從財富百大企業執行長，到家長會會長，我教會各式各樣的人這套法則。這套方法讓水管工成功銷售房屋修繕系統、協助律師打贏官司，也讓鑽油公司賣出庫存。

別擔心，這套方法比你想像的容易，也會省下你不少力氣。我保證你會說得更少，得到的效果卻超級好。

關於這本書的優點和內容，我可以再寫上十二頁，但這只是浪費時間，現在你大概已經決定是否要繼續讀下去。這就是為什麼所有簡報、提案或書中前言的前三分鐘是關鍵時刻的原因。

別在前三分鐘內，失去任何人。

我們開始吧！

---

* 臀部窄道（Butt Funnel）本書第九章中有詳述。

** 《酒吧救援》（*Bar Rescue*）為美國真人實境節目。主角長期從事食品產業顧問，專精於酒吧經營。在節目中他提供專業知識，以拯救快倒閉的酒吧。

第 1 章

去蕪存菁又吸睛的
三分鐘法則

我們先來釐清提案和簡報過程中常見的誤解。建立正確的觀念，能協助你打造威力萬鈞的前三分鐘。

誤解一：簡報需要天賦、詞藻華麗和幽默的好口才，才能脫穎而出、引起注意。

事實正好相反。

我在協助準備簡報時，第一個會問的是：「準備這麼多的投影片、資訊、笑話和名人語錄，你到底想透過這次提案或簡報，達成什麼目標？」

我得到的回答通常和最終目的有關，像是大幅提升銷量，成功售出產品或服務。

我請他們再縮小思維，想得簡單一點。

他們改答每月業績目標。

「更小、更簡單！」

在不斷的一問一答下，我要逼到他們答不出來為止。這種練習最能理解，任何人採取任何行動的背後動機。

直白地說，答案就是：「**你的動機，就是想有效傳達資訊。**」

如果你有辦法讓其他人像你一樣了解資訊，其他目標都會水到渠成，不需強求。如果所有人都像你一樣非常了解產品的價值，你的業績就會更好。如果你的公司像你一樣這麼懂你的企劃案，就會投下贊成票。

這套流程的原理可以應用到生活各層面。**也就是說，人生和事業成功與否，端賴你有多少能力可以將資訊傳達出去，讓對方了解你的觀點。**

做得好，就能說服人；做得好，行銷就成功。甚至還能寫一本書。

只要徹底擺脫對語言、措辭或技巧的成見，專注在資訊價值和傳達資訊的過程，讓觀眾可以理解，我保證你一定會成功。

本書將循序漸進引導你，將最具說服力、最重要的資訊，編織成一則引人入勝的故事，讓觀眾認同你的簡報，達到你想要的目標。

誤解二：我的事業、產品或服務太複雜，想說的太多了，三分鐘解釋不完。

幾乎所有我共事過的企業主管和執行長，都對我說過這種藉口：「我根本無法把簡報濃縮到十分鐘以內，實在太多資訊了。」

我告訴他們錯了。

三分鐘不只是將提案內容去蕪存菁的基準，更是能吸引觀眾投入、開始他們的決策。如果不能將構想濃縮在三分鐘內，觀眾就會在缺乏完整相關資訊的情況下做出決策，任何提案者都不希望觀眾這樣做。

在剪輯的妙手下，電視節目的每個場景中，所有衝突幾乎在三分鐘內都能解決。例如，《創智贏家》*幾乎每一集都採用這種剪輯標準。從他們介紹創業家，到「鯊魚」說：「我退出」，幾乎都只有三分鐘。

我一年提案超過四十部電視節目，每部節目的提案影片，幾乎都只有三分鐘。不管是哪種形式的簡報或提案，觀眾在前三分鐘就會從你提供的基本資訊，開始思考產品價值，決定是否要繼續認真討論。

因此，在簡報各層面控制敘事並引導觀眾，是非常重要的任務。

實際了解觀眾也是一項關鍵。有時你的提案，並不只有說服眼前的決策者，通常還需要說服更高層的主管。因為你眼前的人必須說服其他人，那個人又必須說服另一個人，就這樣一直說服下去。你不在的時候，你的提案很可能會由其他資深人士代勞。

後面的章節會說明該如何打造清楚有力的訊息，讓訊息在企業層層的電話關卡中一路過關斬將。但先讓我聊聊，我曾說服過的恐怖觀眾。

決定提案生死的決策模式

幾年前，我在華府「國家地理頻道大樓」的大廳等人，電視台總裁祕書向我走過來打招呼，她說：「霍華請你去開會。」

我本來只是去和霍華吃午餐，並沒有開會的心理準備。

霍華是我的好友，當時他接下「國家地理頻道」總裁這個職位不久。他提過當天早上要參加全公司的綠燈會議**。電視台會在綠燈會議裡決定眾多節目的生死。我知道我有一部賣給「國家地理頻道」試播的節目，會在那場會議裡討論。霍華是總裁，加上

* 《創智贏家》（*Shark Tank*），是一部美國競賽類節目，在每一集節目當中都會有好幾組創業者前來，向潛在投資者（節目中稱這些人為「鯊魚」）提案，競爭創業資金。

** 綠燈會議（Green Light Meeting），是指電視台審核是否要播出新節目的會議。會用「亮綠燈」這個詞代表通過。

我知道他很喜歡這部節目，所以本來希望能共進午餐當慶功宴。

霍華在會議室外向我打招呼。

「布蘭特，我們剛剛在討論你的節目。我費盡唇舌解釋這部節目，但解釋得沒有你清楚，他們也問了很多問題。因為我知道你在樓下，乾脆就請你上來解釋。」

這是很少見的狀況。他帶我參加電視台綠燈會議，製作人從沒參加過這種會議——從來沒有。

但這還不是最奇怪的一點。

會議裡有四十三個人圍坐在超大的會議桌前。真的有四十三個人，在一片無可避免的靜默中，我數人頭來自娛。真是不敢相信，這張桌子竟然坐了這麼多人！我聽ＩＢＭ的員工說過，ＩＢＭ三個字母代表「無敵大會議」（Incredibly Big Meeting）。如果有讀者是員工，拜託透露一下人數有沒有四十三人這麼多。

大家開始提問。我相當驚訝會議中其他人似乎因為拿到錯誤資訊，而相當困惑又暴躁。霍華是電視台總裁，我知道他了解這部節目，也相當期待播出。但他顯然在轉述過程中遺漏了部分重點。

我感覺到議中有人似乎積極想方設法要批評這部節目。我們討論越久，節目通過的機率，就越渺茫。還好最後憑著將來會成為三分鐘法則的方法，我再次成功提案。

對話就這樣結束了。我們拿到六集的訂單。我隨即被帶出會議室，方便他們討論（應該說是撕碎和摧毀）下一部節目，因為製作人正好不在大廳。

從那場會議走出來後，我領悟到兩件重要的道理：

第一，正如前面所說，會議規模！四十三個人努力針對某件事做出決策，這種會議，我從沒見過。

會議上有來自行銷部、排程部、財務部、法務部、人事部的人，還有主事者和代理人，還有代理人的代理人。每個人都對創意價值或節目可行性，各持己見。

太嚇人了。

疑問和猜測多到嚇死人。如果我不在場，無法當下糾正這些錯誤資訊，真不知道會是什麼結果？

我一發現我製作的所有節目，在每場綠燈會議都要面臨這種難關，一顆心就一直往下沉。

我演講時總會提到這次經歷。每當形容這場會議時，總會聽到觀眾大聲抱怨，表示感同身受（不分國家和語言都一樣）。現在所有產業面臨的情況，顯然也和電視界同病相憐，也就是**委員會決策**，讓會議室儼然成了作戰室。

第二個道理是讓我明白，就算對霍華這位電視台總裁提案，幫他做好充足的準備，這樣努力還不夠。他必須拿著我向他說明的內容，轉身對許多人做多次提案。難怪轉達過程中，會遺漏許多重點。如果我不能參加所有的會議，又有誰能捍衛我的構想？

我注意到的這種令人不安的趨勢，顯然就是被否決的起因。我打造了積極樂觀的氛圍，和購片員談天說地，但他們走進會議室後，從會議室的一記傳球，就打得我措手不及。節目意外地不受青睞，高層主管常常和我一樣驚訝。

我知道一定要找到辦法，解決這種委員會決定一切的隱憂。從那一刻起，我就以必須能和他人共享的概念，精心設計我的提案。因為就算對方是主要決策者，還是必須轉述我的提案給其他人。

切記：**重點不只是向誰提案，而是對方必須向誰提案**。

不論你能親自發出多少份精美的資料、提案能讓人陶醉多久，他們都必須把你的提案加以歸納，再轉達給別人聽。

假設你花了整整一小時向對方簡報，你從結果判斷這是你這生中最成功的會面。而且對方花了一小時吸收所有資訊、完全了解提案後，也真的很喜歡這次的簡報。

現在，如果他們偶遇其他人時，有人問他們：「你為什麼喜歡這場簡報？」猜猜他們會花多久時間回答問題，並同時轉述他們還記得的重要資訊？

沒錯，就是三分鐘。你這輩子最棒的一小時會面才剛結束，但是最後竟然只換回三分鐘。

你讀完本書後，希望你和所有朋友（越多越好）分享這本書，他們會問：「這本書在講什麼？我為什麼要讀這本書？」

你會直覺地將整本書濃縮到三分鐘內，就能解釋完畢。我花了多年的心血來打造這些概念，又花了十八個月寫這本書，結果你用不到三分鐘的時間向人解釋。

這就是我們直覺上，在處理和轉達資訊的模式。現在，請把你最愛的兩小時電影或最近讀的四百頁書籍中的所有內容告訴我。你會發現，你只需要三分鐘。

你會發現，不管接收了什麼主題或多少資訊，他們都會採用我所謂的**合理化故事**，向自己和他人解釋。

你可能覺得很失望，但這是好事。就像我之前提過的，三分鐘不只是濃縮資訊後的時間長度，背後還有科學理論。

打造合理化故事，讓觀眾認同

建立任何簡報或提案必須考慮的兩項關鍵因素是**知識**和**合理化**：

1. 觀眾掌握了什麼**知識**？（我們稍後再說明。）
2. 觀眾如何**合理化**決策，以便「接受」我的提案？

簡單來說，只有人類具有合理化的能力。其他生物只會利用本能和知識做決策，但人類卻利用這種能力來合理化決策。這是一種很了不起，也很強大的情感能力。我們做出的所有決定，都以此為根據。

你做的所有決定和行為，都必須先在腦中自行合理化。這就是我們所有行為背後的「動機」。更重要的是，這個我們接受和理解的「動機」，同時也是我們相信、接受和行動原則的理由。

合理化的能力非常強大。這種能力是一切事物的驅動因素，從芝麻小事的決策到彼此殘害的動機都涵蓋在內。人們簡直內建了合理化程式，幾乎可以為所有行為提供可接受的理由。不管是用那種牙膏或要不要自殺，每個決定都會被大腦合理化，然後接受。

這就是耐人尋味的地方。當你把某項決策合理化時，腦子自然會將這項決策的所有要素加以歸類，同時以最有效又最具說服力的方式傳達給你，方便你「合理化」決策。

現在請自我評估一下。

請回答一個簡單的問題：「你為什麼要開現在這輛車？」

用一句話回答，想到答案了嗎？

「我喜歡。」「價錢很便宜。」或「我一直都開這款車。」

我再問深入一點：「請向自己解釋選擇那款車的原因。」一有答案，就再自問自答，問得深入一點。

「價格優惠、很省油，也不常拋錨，讓我很放心。」

這個過程就是找理由，合理化自己的決定。你想證明自己的感覺、欲望和動機是合理的。如果你在腦中不斷自問自答，就會明白這個決定背後的理由。

現在，最重要的是，請你在腦中不斷重播這個片段，想像自己大聲說出來。

你會聽到一些很棒的話。

你的頭腦自然而然地將最有價值的決策因素，以特定的順序排在最前面。對你來說，你能完美解釋為什麼會買這輛車來開。先說最有價值的結論，繼續追問原因，就能依照重要性，揭露出這些敘述的合理化層次。

你可以用簡單的直述句和片語，分析每個決定的原因。你自己甚至可以把最複雜的元素，簡化成最基本的版本，不必解釋得太冗長。

真的很棒，再來試幾個問題：

你為什麼住在這個城市？或者為什麼做現在這份工作？又為什麼要結婚或離婚？這週末你要看什麼電影？為什麼？

一步步深入詢問原因，用簡單的短句回答。這些被稱為**價值陳述**，代表你看重的因素，大腦自然會加以組織，打造出你的故事。

這就是**合理化故事**。

合理化故事集結了最有價值的要素，因此你能了解自己的行為、感受和欲望。如果你剛剛安排好了假期，你根本想都不用想，就採用合理化故事決定了要去那裡玩、要住那裡、要花多少錢、行李要裝什麼。生活中每一個決策，都會讓你用上這樣的故事。

合理化故事很準確、很簡潔、言簡意賅，會用最簡短扼要的方式將訊息傳達給你。如果你希望說服人，他們就是把合理化故事當成決策的依據。你就算花了三小時仔細解釋每個細節，他們最後也只採用簡單的故事和句子來合理化決定——保證用不到三分鐘。

想像一下，如果把合理化故事當作提案的根據，觀眾就會同意你的提案。

在後續章節，將會學習如何只用你的資訊，就能為觀眾打造合理化故事。我會示範如何從提案中找出最關鍵的元素，再將這些元素以類似合理化故事的方法，串聯起來。

說得少，效果更好

各位接下來要閱讀和開始練習部分，有許多內容乍看之下可能違反直覺。相信我，這是好事。

你可以說得少，但效果更好。

一九二九年，美國總統甘迺迪（Joe Kennedy）曾說，擦鞋童給了他買賣股票的祕訣，他那時才知道該退出股市了。眾人皆進我獨退，一定沒錯。

在這個行銷和消息多到爆炸的世界，大家好像都在扯破喉嚨大喊。你不必和他們比誰嗓門大。大家好像都想說得更多、更頻繁、更大聲、更有力。你可以多動腦，少費力。只要輕聲說話，就能讓所有人都聽你說。

我開始用「說得少，但效果更好」的構想來打造所有電視提案（或者其他提案）。這讓我必須逼自己要更有效率和謹慎，不過效果卻因此大幅提升，真是讓人讚嘆。三分鐘真是神奇的數字。

隨著本書一步步探討三分鐘法則，你就能在你的簡報中，逐漸找出這種模式。你可以應用在所有提案、行銷或銷售需求中。它會成為你評斷他人傳達資訊時的標準。

過去幾年，我全心打造這套系統，有幸能協助他人在提案和簡報中，展現最高水準。我接到全國各地的執行長和商界領導者的電話，我也有幸能與一些最棒的人共事（我在後面章節會陸續介紹）。有時向管理市值數十億美元企業的執行長解釋該如何簡化訊息，感覺非常不真實。他們花了數百萬美元在客戶研究和投資者關係，卻沒讓他們學會要如何說得少，但效果更好的技巧。

第 2 章

精準又有影響力的關鍵詞

約莫十多年前，我在一家剛崛起的製作公司擔任電視節目開發專員，無知的我一直在碰壁。我負責想辦法把剛萌芽的構想，包裝成電視節目。我不但要開發新節目企劃，還得說服電視台主管買下節目、付製作費，再放到頻道上播出。

我每天都苦思，該怎樣讓電視台看到新節目的價值。提案的過程既令人緊張，也無比艱難。我很清楚，做那份工作時，我常眼睜睜看著優秀的創意，因電視台「無法理解」而胎死腹中。

當時從構思節目到提案大約要九十天，節目概念通常只要兩、三天就能成形，但準備詳細的書面和圖片資料、拍攝和編輯所謂的「宣傳片」，以及安排和進行提案，卻要耗上好幾週的時間。每次提案的平均成本，大約是三萬美元。

我們平均提案成功率是十分之一。這在電視界是很傲人的數字。

後來有一部非常特別的節目，徹底改變我的職業生涯，促使我訂定出三分鐘法則，這也就是各位在讀本書的原因。

資訊過多的窘境

洛杉磯的會議室小得可憐，但我的製作團隊已窩在裡面三週了。所有人圍在一起，激烈地討論要如何提案這個節目最好。已過了三週，我們根本不知道該如何做，當然也還沒開始製作提案簡報，或拍攝宣傳片。大家都知道這個構想很棒，但就是想不出該怎麼對其他人解釋比較恰當。

並不是大家突然都變笨，而是被過多的想法和資訊淹沒了。

有一部分的問題在於，目前構思的節目相當複雜、成本也許會過高、沒有前例可循，且預期的製作時間，是我們製作過的其他節目的五倍長。

但這個構想真的很棒！

我們六人在會議室裡（總計有數十年的製作節目資歷），所有人都深知這個想法有多棒，以及該如何運作。在會議室裡，所有元素和想法都環環相扣，絕對能打造出熱門節目。如果只有我們，這個節目絕對無懈可擊。

但加入其他人後，所有安排都變成一團糟。每次開會都偏離主題，最後以混亂收場，這實在讓人非常沮喪。整個團隊失去方向和熱情，我也漸漸帶不動團隊，不知道怎樣才能扭轉這個局面。

當時我們的製作公司才剛嶄露頭角。我們之所以聲名大噪，是因為製作了《超級減肥王》（*The Biggest Loser*）。這是全國廣播公司（NBC）在黃金時段對全球播出的熱門節目。這是有史以來第一部減重節目，因為受到熱烈歡迎，於是我們急著想出更多減重相關節目（在好萊塢，如果節目大受歡迎，類似節目鐵定會如雨後春筍般冒出來）。

我們必須搶先想出這種類型的進階版。

在這間會議室裡，我知道這個節目一定會大受歡迎。我的腦海中清楚浮現出這個畫面，但就是解釋不來。

我癱坐在會議室的椅子上，感覺孤立無援，這輩子從沒這麼沮喪過。我就是想不出法子。我要不是脾氣溫和，早就把助理罵得狗血淋頭。相反地，我只是覺得激動。我吃了太多隔餐披薩，又睡得太少。

就在這一刻，我發現了後來我稱為「三分鐘法則」的精髓，以及我現在演講、教學和指導的所有基礎。那一刻深深烙印在我的記憶裡。

不是還沒準備好，而是準備過頭

我想先說明一下，最初的節目提案非常混亂，資訊也過多。現在之所以很難說明，是因為我事後看來，覺得再也簡單不過，導致我很難重現十二年前兵荒馬亂的情況。

但以下是我努力後的成果：

為了打造下一部熱門減肥節目，我們從《超級減肥王》的選角影片，選出因體型過重而不能參賽的人。節目不會用美食引誘他們運動和比賽減重，而是要他們孤軍奮戰。我們會在必要時提供指導，但最後還是要靠他們自己。長期減重需要時間，所以實際上我們會全程拍攝減重過程。由於拍攝耗時很久，因此我們必須把時間大量濃縮成簡短的片段，才能在一小時內看完所有進度。我們不會讓參賽者齊聚一堂，所有故事都是獨立的，他們彼此不認識也不會合作。沒有團隊也沒有對手，沒有人會被淘汰出局。

節目內容是由他們的角度講述個人故事。要注意的是，因為不是減重比賽，所以瘦的速度也不會那麼快。而且這些人體型太大，改變比較緩慢。如果拍成一整季，節奏會太慢，會讓觀眾覺得無趣，所以每集都會播出個人轉變的歷程，下週再換其他人。各集都無關聯，也沒有前情提要。

還有另外五段講述我們要如何實際拍攝和剪輯節目，以及輪調工作人員，以便節省該年度的拍攝成本。還有我們會聘請一位教練一整年，請他每週去訓練參賽者，以及如何請教練在非拍攝期間監視參賽者，免得有人沒人管就不減重。我也必須說明這些參賽者為什麼是生活在自己家中，而不是片場或「實境屋」裡，因此我們針對他們的工作和生活做一些安排，確保整年都能拍攝重要畫面。

各位會不會覺得無聊又困惑？實際情形又更糟。

我們在模擬提案時，若要將所有想法都表達和傳達所有相關資訊，這段解釋大概要花十八分鐘，但時間太長了，絕不會有人能專心聽下去。通常在提案中途會有人打岔，問我還來不及解釋的節目問題。

我很怕和電視台總裁進會議室討論這個節目。

電視台會議室冷漠、殘酷又無情，裡面觀眾非常難取悅。會議開始十秒後，微笑就消失無蹤了。如果各位看過《創智贏家》，那種說重點的態度和無禮的風格都是在模仿電視台的提案。如果我無法說服自己的員工，怎麼說服得了美國廣播公司的約翰・薩德

（John Saade）或索尼影業國際部總裁黃安德（Andrea Wong）？

我真的很想放棄。我做過幾百次提案。我會先對內提案，如果大家都不「了解」，那就接受事實，改製作其他節目。大家如果覺得某個構想不可行，或覺得賣不出去，我完全接受，但現在是他們還沒真正搞懂就做判斷，這讓我受不了。

還好我沒放棄。在我沮喪到極點時，我決定從頭再試一次。

於是我回到公司的大型開發會議室，要求團隊用藍色簽字筆在便利貼上寫下關於這個節目的陳述，再貼到牆壁上。練習結束時，牆上至少有一百張便利貼，多到像一面滿是塗鴉的大黃旗。

每張小便利貼只寫得下一、兩個字，因為必須放大到整間會議室都看得到，所以單字或片語都要預留位置。

還有我們的目標是以合理的次序排列關鍵詞，讓大家都看得懂。但我們吵個不停，因為會議室裡的電視製作人各個口若懸河，每張便利貼的想法都會激得所有人大聲嚷著詳細資訊，最後演變成無限迴圈，徒勞無功。

我對其他人在會議室的吼叫充耳不聞，專心想著牆上的字眼。我不知如何是好，牆

圖表 2-1　節目的特色關鍵詞

上貼滿了我想傳達的所有資訊，但我必須把非說不可的挑出來。

我把不是節目核心概念的關鍵詞一個個淘汰。最後只剩牆上斜對角的七張便利貼。

這就像破解密碼，或找到謎題的解答一樣。我生平第一次清楚地知道該怎麼解釋這個概念。

我站起來對助理大喊：「吉米！幫我打電話找美國廣播公司的約翰。」

會議室裡所有人都盯著我，不知道我到底想做什麼。

吉米大喊：「約翰接電話了。」

我按了免持鍵。

「你好，我是布蘭特。」

「布蘭特，有什麼事嗎？」

圖表 2-2　篩選過後的關鍵詞

「約翰，我有一個妙點子，研究了好幾個月，剛剛才搞定。今天想要對你提案，我能現在就過去嗎？」

會議室裡鴉雀無聲，大家都屏住呼吸。

我從未對電視台主管說過這種話，他也大概從沒接到這麼緊急的開會要求。

「我現在有點忙，下週可以嗎？」他問。

「約翰，我保證不會超過五分鐘，你一定會明白，真的非常值得。」

又是一片沉默。

「告訴我你什麼時候來，我會提醒辦公室讓你進來。」

「我半小時內就到。」

大家驚訝得良久說不出話。之後，我的製作部主管問：「你要做什麼？要說什麼？我們根本還沒準備好。」

我回他：「我們準備好了，甚至準備過頭。我們太拚了，其實只要讓他了解我們的想法就行了。」我指著便利貼的板子。他不明白我在說什麼，但是我明白。

我們有一段影片，蒐集了一些因為體重超標，上不了《超級減肥王》的人。光碟中收錄了他們氣喘吁吁、使盡吃奶力氣，卻沒通過我們為節目參賽者舉辦初試的畫面。

製作部主管走到大廳，問我在想什麼。他重申公司還沒準備好，這個光碟只收錄了「情緒和情感的影片」，沒有說明節目製作方式和內容。他說：「你什麼都不帶就要過去？沒紙、沒投影片、沒預算、沒大綱、沒圖表、沒分集介紹，那你能說什麼？」

我要他相信我。我和約翰講完電話五分鐘後，我開車沿著四〇五號公路前往美國廣播公司。

約翰當時在開原先就安排好的會議，我只能在大廳等他。

一個多小時後，約翰戴著圓框眼鏡，狐疑地望著我。約翰不像一般電視台的人那麼健談，他總是寡言又果斷。

他一開口就說：「五分鐘。」

我把影片光碟放到他桌上，指了指，說了九句話：

「我們從《超級減肥王》接手了幾個體重超標的人。」「我們追蹤他們一整年的減重過程。」「我們會把每人一整年的減重過程剪成一集。」「節目一開始時都很胖，但一小時後都變瘦了。」「節目同時拍攝他們的減重過程，但每個人都各有一集。」「這會是電視史上最大的變身秀，每週播出一次。」「如果今天買下這個節目，十八個月後才能播放。」「節目首播時，你甚至可能早就沒有了這份工作。」「但你可以跟老闆說你不知道該怎麼做，不過這個節目很重要，可以看這片光碟搶先目睹。」

整個過程只有一分多鐘。

重要的是，我並沒有嘗試對約翰詳細解釋這個節目。他對電視製作的了解不亞於我。我直切問題核心。

我們杵在那裡沉默了一會兒。

約翰伸手從桌上拿走光碟，面無表情地看著我。

「你們要怎麼負擔跟拍參賽者一整年的費用？」

我說：「我們會輪調工作人員，同時在參賽者家中裝遠端攝影機。」

他用手指轉了轉光碟，看得出他腦子也在轉。

「如果一集播出的是一整年的減重過程，意思是會減掉幾十公斤？」

「我們預測一集會減掉五十公斤以上。」

看得出他正在拼湊資訊。

「你們真做得到？」

「可以，整套製作系統、時程和預算都安排好了。」

他好像幾乎要露出微笑。

「很有趣。」

「看一下影片，有什麼想法告訴我，讓我知道你想做什麼。」我邊說邊走出房間，時間還剩一分多鐘。

一小時後我的電話響了。「是美國廣播公司的約翰！」吉米大喊。

所有人都衝出辦公室，圍在我辦公桌前。我把電話轉成擴音。

「約翰，你好。」

「每集預算一百萬美元以下可以嗎？」

我說：「要看你訂幾集。」

「要幾集才能降到這個數字？」

我說：「要十集。」我隨口胡謅。

「好的，我下午給你報價。別去其他電視台提案。」

「沒問題。」我回答，心都快跳出來，也差點破音。

「幹得好！很棒的提案。以後有這樣的企劃隨時來找我。」

「好，再見。」我尖叫著回答。

辦公室裡歡聲雷動，彷彿義大利維蘇威火山或印尼喀拉喀托火山爆發一樣。

這是我生涯中最重要的一刻，同時也造就了我的公司。

歷經十八個月，這個節目在於二〇一一年於美國廣播公司首播，名稱為《完全改造：超級減重篇》（*Extreme Makeover: Weight Loss Edition*）。這個節目的收視率，在該電視台的夏季實境節目中名列前茅。節目播了五季，共五十集。我們拯救了無數人的人生，帶給肥胖的人希望，讓他們做到以往做不到的事，像是抱起自己的孩子、牽女兒走紅毯，以及其他只有減重一百多公斤後，才能實現的重大心願。

這個節目帶來數億美元的收益，衍生出五十多國的版本，到現在仍是我在電視界最驕傲的成就。

這些成就都源自不到三分鐘的提案。我只說必要而非想要的資訊，讓想法發揮它原本的魔力。

牆上的便利貼指引了我一條明路。

把概念拆解成關鍵詞

在還沒開竅時，我太過勉強。在前幾年，我太主觀，總糾結在節目的製作流程。我想徹底解釋，想證明我了解多少、做了多少努力，又有多聰明。

我努力想被接受，而不是傳達訊息。我沒有讓概念發揮影響力，我沒有說故事。

在《完全改造》的提案後，公司改變了作風。我們用了很多便利貼（我該投資3M才對）。由於開發節目的過程加入越來越多概念，我們用類似的方式把概念拆解成單字和片語。過程宛如一場遊戲：大家圍著桌子坐，每個組員貼上和節目有關的單字或片語。當板子上貼滿便利貼時，會聽到讚嘆聲和「說得好」。

成果相當豐碩。我賣出更多節目——非常多。

我們不只成功提案更多節目，也能提出更多想法。我只花不到三十天就能把概念對電視台提案，不用花到九十天。每支提案影片和材料的平均費用不到一萬美元，以往卻要三萬美元。

我拍得更少、剪輯得更少、設計得更少、工作得更少，效果卻好得太多。我高超的提案技巧，在業界開始迅速傳開。

我總等不及要和電視台總裁一起走進會議室，過程真令我精神振奮。

從那一天後，我賣出了三百多部電視節目和近五十部電視劇。這些節目帶來近十億美元的收益，讓我成為業界最受肯定和好評的提案高手和銷售主管。

我從未違反我的三分鐘法則，一次都沒有。

將關鍵詞變成提案架構

各位回顧《完全改造：超級減重篇》的提案時，會了解簡單的關鍵詞，是如何變成整個提案的架構。

- 找到超出《超級減肥王》標準的超重人士。

- 追蹤他們一整年的減重過程。
- 把整年的減重過程剪成一集。
- 他們一開始很胖，一小時後變瘦。
- 同時拍攝所有減重者，每個人各有專屬的一集。
- 電視史上最大的變身秀，每週播出一次。

第一步先鎖定計畫要做的事或介紹的主題，盡量想出所有相關的關鍵詞，列成總清單。總清單列好後，我會說明怎麼找出最有價值的關鍵詞，再用簡單的陳述句連結起來，好抓住觀眾的注意力，時間剛好會是三分鐘整。

首先問自己幾個簡單的問題，然後只用一、兩個單詞的短句回答。利用便利貼或索引卡，用馬克筆寫下你的答案。

你的職業是什麼？

你的專長是什麼？

或是：

那是什麼？

好在哪裡？

如果你想要求加薪，問題可能就是：你有什麼資格加薪？你為什麼值得加薪？列出契合產品特色的問題。你想要某人做什麼或買什麼？他們該做或該買的原因？對他們有什麼好處？這些問題是要各位列出關鍵詞，說明概念、流程和原因。用單詞或短句把各位的業務、產品或服務所有相關資訊告訴我。先不要自行編輯，之後很快就會講到那個部分。

如果各位認為全都列出來了，就去喝杯水或咖啡，回來後繼續寫。這項練習的關鍵在於數量（最少三十項），寫的越多，之後排序就越簡單。

你們會很訝異自己的清單包含了多少資訊。

我給各位看一些範例。

這是我一家客戶的三十一項關鍵詞，我會在後面的章節把故事告訴各位。只透過這些隨機排列的單詞和短句，各位就能了解他公司的資訊：

- 水管修繕公司
- 加州洛杉磯柏本克市
- 居家重新配管
- 交聯聚乙烯水管
- 水流問題
- 更換水管
- 只須重新配管線
- 無大幅整修
- 鑽孔小
- 不雜亂
- 老房子
- 所有水龍頭
- 全國客服中心
- 保留舊水管

- 新水管
- 獨家經銷商
- 軟質塑膠
- 無損壞
- 競標前作業
- 整棟房子
- 一天
- 保證
- 專家
- 複合式住宅
- 透天厝
- 修補及油漆
- 線上時間表
- 水壓

- 低成本
- 清潔隊
- 選擇性升級

各位從未聽說過這家公司，但我敢打賭各位對他的工作和他可能要做的提案已經有相當清楚的概念。請各位記下來，下一章再看看各位推測是否準確。

簡單就是這麼有威力。如果這些關鍵詞多加琢磨並排對順序，再以具有誘人伏筆的敘事故事加以串聯，會產生怎樣的效果？

讓我向各位說明清楚。

第 3 章

直搗核心、打動人心的WHAC法

我的叔叔馬克是投資銀行家，他說服我去佛羅里達參加他的一場客戶會議。許多企業會在會議中向投資人籌資。

我聽的第一場簡報，主講者是德州石油探勘及生產公司的執行長，暫且先稱他為大衛，公司稱為陽源石油（Sun Resources）好了。我們在一家普通連鎖飯店的陰暗宴會廳中，大約有五十名男女（多數是男人）沿著長桌坐著，桌上放了黃色記事本，方便他們做筆記。

大衛害羞地和大家打招呼，迅速放上他的投影片，滔滔不絕地講了二十分鐘。即使他講的是國語，我還是不太了解他公司的業務、目標或投資人應該出資的理由。他也談到了滲透率和孔隙度、除塵器和乾氣*、地震檢波器和伽瑪井測。他不只在演講中滿口術語，似乎也不在意資訊重不重要，反正盡量塞進觀眾腦中就好。

大約十分鐘後，我發現自己在打盹，於是捏了自己一下，看到觀眾無聊到幾近厭世。大衛講完最後一張投影片時，問觀眾有沒有疑問。在一陣尷尬的沉默後，他感謝大家光臨。

馬克輕拍我的肩膀說：「你懂了吧？」

馬克誘騙我到這裡，是因為他看到我在非正式場合，利用節目提案的技巧，幫其他人修改簡報。他認為有機會幫助這些執行長改善簡報技巧，大衛的簡報也不例外。馬克說他已經在幾十場簡報中，頻頻打瞌睡了。

之後，他為我引見大衛。大衛在接下來一天半內，要對潛在投資者做五場簡報。我又聽完一場他的簡報。完全一模一樣，但這次我很專心（全程都醒著），也挑出他的簡報和公司有趣又有價值的元素，做了一些筆記。

拯救令人昏睡的簡報

天啊！該從那裡下手？

---

* 乾氣（dry gas），也稱為貧氣（lean gas）。現在液化天然氣，大多由乾氣進行加壓與降溫而製成，只含有極少其他種類的碳氫化合物。

我問：「如果油價跌到每桶三十二美元，你真的還能獲利？」

經過漫長的時光，油價終於首次跌破至四十美元，引發業界許多關注。據大衛說，很少公司在油價低於三十七美元時，還能悠哉地繼續探油。

我在紙上寫了些東西，交給他。

「希望你下一場簡報這樣開場，相信我。」

他看著那張紙，問：「大概放在第四張投影片，在簡介完之後？」他伸手拿電腦，想打到投影片上。

我回：「別管投影片，我的意思其實就直接拿這個開場。」

他又看了看手中的紙。

「你又沒什麼損失。」

幾小時後，面對宴會廳裡另一批投資人，他說了我寫給他的開場白：「各位好，我是陽源石油的大衛。本公司開發了幾塊地，也以地質學及地球物理學充分驗證過。也就是說，我們的乾井成本低於業界平均值。如果油價持續下跌到每桶三十二美元，我們就會具有大幅競爭優勢。」

室內氣氛為之一變，大家精神都來了，我露出微笑。

之後，他又從頭開始簡報，會議裡的精力像是被吸乾。十七分鐘後（總共講了二十二分鐘），他才開始解釋他**如何**以三十二美元的油價繼續探油。

我無言。有人問了幾個問題，接著又陷入一片靜默。

接著，我問能不能調動幾張投影片的順序，他勉強答應。我抽出幾張投影片，重新安排順序，寫下新的開場白。

「各位好，我是陽源石油的大衛，」他在下一次簡報這樣說。「本公司開發的地讓我們在油價跌到三十二美元，仍能繼續探油且維持獲利……這就是原因。」

這樣好多了，他解釋能夠繼續探油的原因。想當然，觀眾在這次簡報深受吸引，也相當投入。但講完這段話後，他在接下來的二十分鐘，不斷塞資訊給觀眾，又變得令人痛不欲生。

我們再進一步精簡。在最後一場簡報，儘管還是花了十七分鐘，他卻被問了三十個問題。工作人員不得不請觀眾離開，好進行下一場簡報。

當晚，大衛不肯放我走，他發現只是一些小改變，竟然產生這麼大的成果。他希望我改造他的簡報。我答應待在洛杉磯和大衛合作，我也有了第一個客戶（多虧了我那個在簡報時打瞌睡的叔叔）。

他把書、簡報投影片和活頁夾帶來了。

我有五本便利貼、一本筆記本和一枝黑色簽字筆。

我們先做關鍵詞練習。沒多久，會議室牆上貼滿了幾十張便利貼。

我們不眠不休拚了兩天，把所有內容加以重組、改寫又重新排列。我對石油和天然氣業務一竅不通，但這不是重點。

他提案的資訊、價值淺顯易懂，就像通用語言，讓人興奮不已。

我們重新做了投影片，又比照我提案節目的方式加以排列。現在的投影片很簡單，裡面只有最重要的關鍵詞——乾淨、清楚又有力。

- 即使原油價格跌至**每桶**三十二美元以下，本公司的**鑽油業務仍能獲利**。
- 我們針對**儲油量充沛**的合格油井簽了**淨利租約**。
- **地質條件讓生產更簡易**，油井幾乎不會堵塞。

圖表 3-1　石油公司的關鍵詞

- **峽谷的位置讓油輪**得以迅速**通往休斯頓港口**的主要公路。
- 油價跌破**三十七美元**，競爭對手就必須停產。

他曾擔任過跨國能源公司雪佛龍資深副總裁的經歷，及他極充裕的資金，讓陽源公司在低迷的石油天然氣產業中，成為一座燈塔。這是他前三分鐘的簡報。

接著他介紹強制揭露的財務資訊、照本宣科公布了一些股票績效紀錄和預測。簡報結束時，整個投資人簡報（包括證管會免責聲明、財務揭露和招股說明書）不到八分鐘。

八分鐘後，他會開放提問和與觀眾互動，不像往常要等二十二分鐘。觀眾喜歡他的簡報，聽得懂也看到價值，成果顯而立見。

這就像用一把電鋸雕刻原木，原先不過是一根巨大的原木，最後成為在一堆木屑和木塊中的美麗老鷹木雕。

實在很難辨別，我和他誰更欣喜若狂。

三天後，大衛第一場簡報結束後，激動地留了一則語音訊息給我，我到現在還留著：「布蘭特，我只是想跟你道謝。這場簡報太棒了，觀眾反應正如我們所希望的，甚至超乎預期。我應該至少談成三筆交易，我們忙著回答問題和做後續追蹤。我真不知道該說什麼。我每次上台都緊張得不知如何是好，但這次不一樣。我其實很期待做更多簡報。內人覺得你對我下了咒。我只是想告訴你，簡報進行得很順利，感激不盡。」

說實話，我有點不知所措，想不到我的建議會和以前一樣管用。等我發展出本書的多數進階技巧時，已是在那很久以後了。用我教導的技巧建構的簡報基礎，違反多數人對於銷售、行銷和簡報要「多多益善」的理念：如果你有一小時可以說服觀眾購物或投資，那你務必要講滿一小時。

在那週末後，我知道我的人生將大幅改觀（早知道就請他付我股票，因為我寫這本書時，他公司的股價與那天比，已翻漲了十四倍）。如果我在電視界發展出的簡化提案技巧，在石油和天然氣探勘的複雜技術領域也派得上用場，這些技巧是否放諸四海皆準呢？

為了回答這個問題，我開始和所有需要我協助改善簡報的人合作。合作對象包括行銷公司、投資者關係公司、生物科技公司和創投公司，以及老師、包商和醫生。我越深入研究和實踐這套理念，就越明白這套技巧的威力有多強大。

後來，我合作的企業越來越多，我注意到有一種獨特的模式漸漸成形。每次開始建立、重組提案和簡報時，我們都先從關鍵詞練習開始，接著開始歸類。我問客戶一連串的問題，以過濾資訊。我需要徹底分解客戶所有的業務、產品或服務要素，才能重新加以組合。越深入核心，就越能打好基礎，做出優異的簡報。

我發現，這個過程取決於四大問題。這四大問題就是四個能為觀眾打造出合理故事的關鍵。這樣一來就能根據答案的屬性，把關鍵詞歸類到這四大問題之中。

1. **這是什麼？**
2. **如何運作？**
3. **你確定嗎？**
4. **做得到嗎？**

問題很簡單，效果卻很好。利用這四個問題過濾資訊，就能將威力強大的敘事技巧解鎖。每次簡報都能協助你引導觀眾得到你心中的結論。

我把這套流程精煉成一套系統，稱為「WHAC法」。

三分鐘、三階段打造好提案

各位可以運用WHAC法讓資訊的順序更具體。在後面的章節，我們會利用這套方法確認每項簡報元素的重要性。

各位看著寫上代表貴公司或概念字眼的便利貼。我們可以透過這四大問題，把便利貼上的資訊加以分類，做為打造故事的基礎。

這是什麼？：這個關鍵詞是否能夠說明你的提議或要求？是你的工作，還是提供的服務？

如何運作？：這個關鍵詞是否能解釋你提議的要素為什麼深具價值或重要性？是否能說明產品運作的方式，或你達成目標的方式？和過程有關嗎？

你確定嗎？：這個關鍵詞是否能支持部分資訊的事實或數字？能證明什麼嗎？能

證實或打造可能性嗎？

做得到嗎？：這個關鍵詞是否代表你能為觀眾執行或提供服務的能力？和你或你的執行力有關嗎？和執行過程有關嗎？和價格有關嗎？

觀眾會採用非常具體的順序，有效處理你的資訊。WHAC法讓你能打造這樣的結構，然後確實遵循。

想打造理想的三分鐘提案或簡報，就要引導觀眾瀏覽這些資訊，再把故事建立起來。如果以這種方式簡化訊息，就是以各種敘述按部就班地提供資訊，使觀眾能了解提議的核心價值。實際上，最好他們和你用一樣的角度評斷這項提案。

許多人會以事實、數字、邏輯和理由做開場，解釋自己的價值主張。但事實、數字、邏輯和理由需要搭配**情境**才有效度和信度。情境又必須**以理解做基礎**。理解必須以**扎實的前提**為基礎。

想要打造有效的故事，就必須打造扎實的前提。

觀眾必須先了解優點、功效、內容和存在的意義。解釋時必須使用最簡單的術語。

簡報必須具獨立性，方便觀眾充分理解你的**概念**。

接下來，觀眾開始思索資訊的**情境**，了解這項資訊和他們的關係，以及為什麼需要這項資訊。他們了解主軸是什麼和如何運作後，就會試著理解產品的優點：他們能得到什麼好處？

一旦他們理解了產品的概念和情境，就會找出實現的方式：該如何採取**行動**？該如何達成目標？該如何執行？由誰執行？費用是多少？

以下是三分鐘提案的格式：

概念化：這是**什麼**？**如何**運作？

情境化：**你確定嗎**？沒騙人？是真的嗎？是對的嗎？

實踐化：**做得到嗎**？真的能按照描述的方式做嗎？

這些是三分鐘提案或簡報的三個不同階段。首先要**概念化**（解釋產品），然後**情境化**（參與並驗證細節），最後要**實踐化**（鼓勵購買或退出）。

我們在實際應用範例中看看這三個階段：

第一階段（0:00 ~ 1:30）：概念化

第二階段（1:30 ~ 2:30）：情境化

第三階段（2:30 ~ 3:00）：實踐化

好了！這就是三分鐘法則。

因此，現在各位透過 WHAC 法再次檢視便利貼，就能看出資訊的屬性分類了。

概念化

這是什麼？

這是機會的核心。這些是最有價值和說服力的提案要素。這些要素讓觀眾確切明白你提供或要求的內容。

如何運作？

這是達成目標的方式，是為了實現機會必須掌握的細節或技巧。你必須用盡各種方式，詳細說明提案執行方式及可行原因。尋找能強化產品、業務或服務獨特處的清楚陳述。

情境化

你確定嗎？

觀眾在這個階段會想驗證你的陳述和主張。這時你必須運用事實、數據、邏輯和理由。當觀眾理解內容及運作方式後，就會想辦法支持你的主張。如果他們能將產品特點概念化和情境化，就會誠摯希望能驗證你的主張。

實踐化

能做得到嗎？

這個階段的重點是實際執行或實現提案的能力。可能基於你的背景、經歷或獨特條件，你可以執行這項提案，這表示你真的能達成目標。

這裡的概念是要把所有關鍵詞歸入四大類別。各位在後面的章節會了解，這項初步練習是整場簡報的基礎。

下面列出的問題常幫助我加快流程。各位可能會發現，這些問題會讓你想拿簽字筆再補充幾句。

這是什麼？

- 你有什麼特點？
- 你有什麼專長？
- 提案內容能滿足的最大需求是什麼？
- 你的方式具有強大的財務優勢嗎？
- 提案可以解決什麼問題？
- 誰獲益最多？
- 為什麼現在非做不可？
- 買入後會有什麼不同？
- 可以彌補什麼樣的市場空缺？
- 如果成功，能帶來多少價值？
- 為什麼風險很低？
- 你有什麼競爭劣勢？

- 為什麼別人無法仿效？
- 容易執行嗎？

如何運作？

- 提案能成功的因素是什麼？
- 如何履行承諾？
- 計畫需要花多久的時間？
- 循序漸進，還是大刀闊斧的改變？
- 多少人有這個問題？
- 為什麼其他人沒有採用這個方法？
- 實際履行服務的是誰？
- 是否有必須嚴格遵循的流程？
- 過去是否有成功的例子？

- 你是不是在走捷徑？
- 為什麼這麼做很安全？
- 有什麼事，只有你才知道怎麼做？
- 為什麼別無他法？
- 為什麼這個方法會雀屏中選？
- 這樣可以省多少錢？
- 為什麼只有你的做法可行？

你確定嗎？

- 有什麼是你曾說過，但別人不信的話？
- 是否有第三方驗證過你的主張？
- 怎樣才能複製這種成果？
- 你怎麼知道有這個必要？

- 你過去的記錄能證實這項主張嗎？
- 你會請誰執行這項提案？
- 別人如何評論？
- 這個市場有多大？
- 過去的成功率有多高？
- 你為什麼這麼篤定自己是對的？
- 你怎麼知道有可能會成功？
- 如何證明你不是在「亂開支票」？
- 有人曾因此虧本嗎？
- 提案是否包含任何公開內容？
- 是否有出乎你意料的支持者？
- 為什麼你的對手不可能做得更好？

做得到嗎？

- 你有類似經歷嗎？
- 為什麼法規不適用？
- 為什麼沒有被限制？
- 有什麼過去的因素會毀了它嗎？
- 其他人失敗的因素？
- 你是否因此受過訓練？
- 執行前需要先採取其他步驟嗎？
- 是否有限制條款？
- 有沒有第三方參與？
- 怎樣的成功經驗能讓你達成目標？
- 現在還有效嗎？
- 如果有人改變主意怎麼辦？

- 有沒有必要人脈？
- 有沒有更適合執行的人選？
- 成效不佳的後果？
- 出了問題要找誰？
- 你過去怎麼處理問題？

瀏覽關鍵詞並加以分類後，請把這些關鍵詞放在WHAC四類問題的那一行或那一組。最好分隔清楚一點，因為這是構成你的故事和三分鐘簡報的四大支柱。

下一章會詳細說明這些關鍵詞，同時找出價值陳述，然後再看怎麼加以「串接」（在影視界，這表示依照基本順序安排的場景組合），再加進一些關鍵故事元素，讓提案成為連貫的故事。

各位可能沒有注意，你在依照WHAC法分類要點時，不得不加以解釋。你甚至可能察覺到自己正在用合理化的故事辯護。WHAC法逼得你必須簡化資訊，你可能以前都沒這樣做過。沒關係，下一章會實際演練。

第 4 章

最有價值的想法
如何長話短說？

我在演講生涯早期，受邀參加「小型資本市場及微型股票投資人貴賓會議」（NobleCon），為小型資本上市公司執行長舉辦的提案及簡報研討會。研討會結束後，會議組織者馬克叔叔向我介紹了許多與會者。馬克進行介紹時，附近的一個男人不停猛拍桌子，盯著筆電罵髒話。

「該死！」桌前的那個傢伙又脫口而出。

每隔幾分鐘，他就會敲擊鍵盤，大聲抱怨。最終，馬克走過去與他交談。

「布蘭特，我希望你認識基德凱生技公司的彼得。」馬克在把我帶往那個似乎有些困擾的人時說道。彼得曾是一家上市生技公司執行長。我們相互寒暄後，馬克笑著問：「彼得，你喜歡布蘭特的研討會嗎？」

彼得有點生氣地回答：「我認為這太了不起了。但是現在我必須重做整個簡報。我以往的做法正是你指的大忌。」

「不會吧！」我回答。我迅速看了看他的螢幕，他正在狂刪投影片的文字。「要全部刪掉吧？」當他滾動滑鼠、瀏覽投影片時問道。投影片上充滿了文字、圖形和關鍵詞。

「你大概直接拿投影片當講義吧？」我問。他只是笑了笑，開始刪字重打。

「總共有幾張投影片？」我問。

「三十九張。」

我壓抑了掩面嘆息的衝動。

「什麼時候要簡報？」

「不到一個小時內，我死定了。」

我的天！

我瀏覽了另外幾張投影片，心想**他真的完蛋了**。

他的問題不只有投影片，這只是冰山一角（但我會在第十三章介紹如何有效使用投影片）。

就算台風不佳，好簡報功效大

我問他：「你有名片嗎？」

「當然有。」他說道，然後遞給我一張卡片。我記得他臉上的失望表情，他以為我只想拿他的名片，改天才會連絡他。

「不，」我說。「你有一疊名片嗎？」他在電腦包裡摸索著拿出一疊。我拿了十幾張，翻過來放在桌上，拿出我的筆。

「好，開始吧！用單字或片語向我形容你公司的業務。」

他很快說了一堆字，我寫下來。他向我介紹他的妻子南希，她隨即說出其他字眼（見圖表 4-1）。

彼得只盯著我看，說出客戶第一次見我總會說的話：「我的公司很複雜，解釋起來要很久，三分鐘無法完整解釋我們繁雜的業務。」

當聽到這些話時，我通常會說：「這並不複雜。資訊很簡單，是你使它變得複雜。」但這一次，我看著這些名片，上面寫著我完全看不懂的字眼，心想：「死定了，這實際上可能很複雜。」

但我不放棄。

「好，」我說。「現在給我一些單字和片語，描述**你的出色表現**。是什麼讓你比競

- 生物科技
- 十八年
- 發展

- 藥物
- 治療
- 發病

- 纖維化
- 臨床
- 夥伴

- 病人
- 肝病
- 免疫療法

- 碳水化合物
- 半乳凝素
- 蛋白質
- 皮膚

- 成功率 80%
- 現金儲備量

- 美國食藥局試驗
- 癌症
- 實驗室

- 試驗
- 發現

圖表 4-1　生技公司的關鍵詞

爭對手更有價值或更有趣？」

幾分鐘後，彼得和南希提出了以下建議：當我問他四個WHAC問題時，他迅速解釋了每張卡片。他必須解釋大部分的要點，好讓非科學家的我，能理解他寫下這些字眼的原因和重要性（見圖表4-2）。

我有四組名片，每張名片我都聽過一句解釋。現在我了解這家公司的業務和強項，核心價值開始浮現。

現在時間只剩不到半小時，我們得加緊腳步。

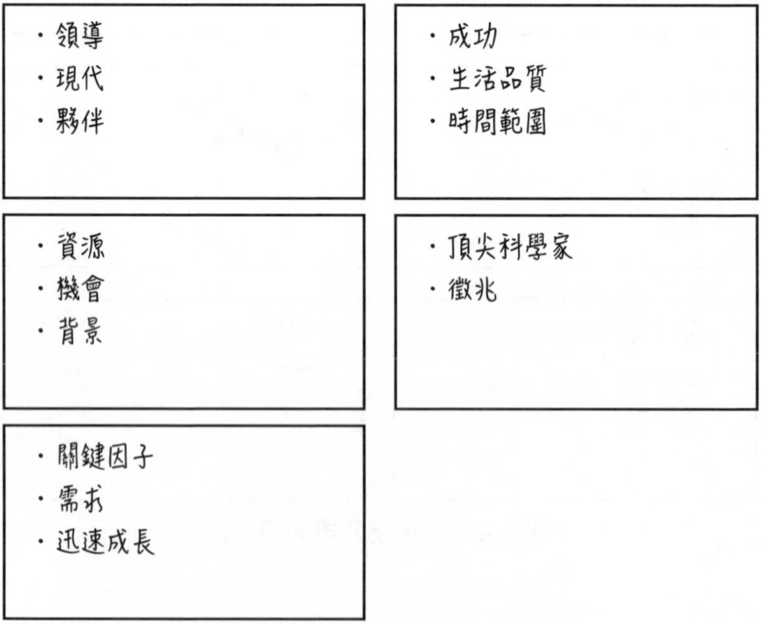

圖表 4-2　生技公司篩選後的關鍵詞

我們盡快改寫並整理了他的投影片。我們大部分是在更改、刪除冗長的詳細段落和句子，並換成他向我解釋時，使用的關鍵詞或簡單片語。

例如，他有一張一百多字的投影片，變成了這樣：

- 發展十八年
- 免疫療法
- 半乳凝素蛋白抑製劑
- 臨床試驗
- 成功率八〇％
- 美國食品藥品監督管理局批准中

六個關鍵詞，十六個字。

我們盡快對其他投影片如法炮製。我們來回討論、做了測試，感覺改善很多。

只剩兩分鐘，彼得載入新投影片檔，準備上台。

我衝到座位上，滿懷期待地望著。我喜歡看自己理論當場受到考驗。結果慘不忍睹。彼得全程口吃，不知道接下來要放什麼投影片。他大汗淋漓，他在台上非常不自在，連我看著也跟著不自在起來。

大約五分鐘後，他停了停，重新開始，完全照著螢幕的關鍵字念稿，然後加以解釋。我難過到想去抱他。

如果你上過高爾夫球課，就會知道這種感覺。在教練面前揮桿都很漂亮，但當你再次走上球場，忍不住胡思亂想，無論怎麼打，就是打不好。彼得就是這樣被我害到。我灌輸他過多簡化的概念，讓他腦子打結。概念是很齊全，不過只剩投影片上列的簡單要素和公司成就的基本概念時，他卻無法把這些概念串在一起。

當他終於講完最後一張投影片，並接受提問時，我確定第一個問題（如果有的話）會是「怎麼有人流這麼多汗，還能站著？」

但讓我訝異的是，觀眾非常踴躍提問，所有與會者都想提出補充或提問。這個流程一開始，彼得就如魚得水。投資者詢問提案中的具體細節，提出深入的問題，因為很感興趣而發問。

彼得對自己不滿意。他的尷尬讓他困擾不已，所以他不明白自己的簡報效果多好。我問他，之前觀眾在簡報後是否有出現過熱烈的回應，他說差遠了。他不明白，就算他台風不佳，簡報的資訊卻明顯發揮了功效。

故事比風格重要

針對有效提案，各位找到的建議大多都聚焦在如何簡報、如何公開發表演說及如何克服緊張。事實上，這些全都不重要。你信心滿滿發表簡報也好，緊張到口吃也好，無論你是否不斷提到客戶的名字，無論你打的領帶是藍色或紅色，觀眾真正想知道的只有資訊，故事比風格重要。

我再說一遍：**故事絕對比風格重要**。

這就是三分鐘法則和WHAC法立竿見影的原因。大家想知道你提供什麼、如何運作、好在哪裡和怎麼得到。如果能快速又簡單地了解這些資訊，觀眾就會深受吸引，期望也會更高。

簡單的威力很強大。我常開玩笑說：「簡單就是性感的新代名詞。」

沒有人會因為所謂的「文字遊戲」感到開心。大家都太忙了，只想簡單扼要地了解資訊。最重要的步驟是把你認為非說不可的所有資訊，分解成最簡單、最直接的形式。要在三分鐘內清楚、簡潔、準確傳達所有產品價值的過程，必須先問一個基本問題：**你如何把你認為非說不可的所有資訊，壓縮成非說不可的內容？**

你會說得少，但效果更好。無論何時、何地，對任何人，都能用這種方式簡化任何提案或簡報。

我建議各位放棄所有對語言、戰術、修辭或技術先入為主的概念，只要重視資訊價值，以及用觀眾理解的方式傳達資訊的過程。

每當與新客戶合作，我最喜歡的一刻，就是當牆上貼滿寫上要點的便利貼，接著我們退一步，仔細研究所有資訊的時候。所有客戶看到這個景象，臉上一定掛著微笑。如此簡單又清楚，想不滿意也難。

如果你在牆上看到第二和第三章寫的要點，你可能也會有同感。

這幅畫面會這麼簡單又明瞭，其中一個原因是這些關鍵詞代表的資訊。你在腦海中早已賦予這些資訊完美的解釋，而我們只是執行一套流程，把資訊簡化成單字和關鍵詞，逼迫你以最簡單的方式把每個概念合理化。

現在，我們要扭轉這流程，把這些關鍵詞擴充成言簡意賅的想法和句子。把你的要點再看一次，大聲說出相關細節。記下為什麼寫下每一個單字或片語的原因，以及歸類到 WHAC 法其中一類的原因。我敢說它們一定簡單、乾脆又清楚。比照你在 WHAC 階段對自己解釋時的方式，簡化這些解釋，並思考最簡單的說法是什麼？

這些簡化後的陳述，就是我提的**價值陳述**。

因此，如果你的關鍵詞是：

私人教練，就變成「我有私人教練執照」。

前運動員，就變成「我打過半職業棒球」。

重複次數低，就變成「重複次數低，能增加強度」。

休息時間，就變成「休息時間短，會提高心跳率」。

名人客戶，就變成「我訓練演員扮演運動員角色」。

看起來是不是很容易？

你會不會覺得這個難度太低，所以想跳過？不可以。這就像生命的其他課題。如果分解成最簡單的形式，再打造適當的基礎，你就能建立最堅固的結構。提出構想、募集資金、在家長教師會議上說服學生父母、要求升遷、推銷企業及爭取董事會批准等，這些都必須以徹底釐清價值為基礎。所以相信我，用簡單的字眼寫出來。

在執行這項流程時，你腦中會有故事在成形。記得要**長話短說**！你了解這項資訊很久了，所以會發現自己無意間又說出慣用的片語和術語。這項練習的目標是戒掉所有以往的說法和文字。你必須逼自己簡單思考。現在只管打好基礎，其他的我們馬上就會討論。

寫完價值陳述了嗎？

你可能會注意到，三十個關鍵詞發展成四十句以上的陳述。簡化後的要點，常會激發出你沒想到或跳過的其他想法。拆解和建構的過程，會開啟一些新思想和新的價值陳述。這四十句上下的陳述中，會包含最強版的三分鐘提案。

現在，我們只需要排列陳述句的順序，再加以連貫，觀眾就能像你一樣理解你的提案。

這部分就簡單了。

第 5 章

不只把時間濃縮，還要最精華

你可能正在看著四十多句的價值陳述，心想：「不是只有三分鐘嗎？」常有人這樣問我。

各位要記住，我們不只要把時間濃縮到三分鐘，還要找到最精華的三分鐘。在提案和簡報時，要讓觀眾在前三分鐘急著想進一步參與，之後你就有機會解釋所有陳述。

但你也許想得還不夠周到。事實上，針對你的業務和產品特色，我敢打賭這四十句陳述仍不能完整說明。

我在上一章的確說過，要把你的陳述句加以串聯，但過去的經驗告訴我，下一項練習會讓你明白，你遺漏了一些寶貴的元素。

你不斷接收到這些資訊，很懂這些資訊，所以你認為你的版本最簡單。你相信自己找到核心價值，相信自己常常運用這些陳述，對它們非常了解。

我有個好法子，能幫你深入發現遺漏的重要資訊。

用問題轟炸出有效資訊

一點也不誇張。麥克的簡報進行十七分鐘後，我把免持電話關靜音，環顧房裡所有人，我問：「有人懂他說什麼嗎？」我的六位專員全都茫然看著我，搖頭說不懂。

麥克經營一家投資者關係公司，主要協助上市公司管理發布給股東和大眾的資訊和新聞稿。

麥克看到了我做的簡報，拜託我幫助他。我當時很忙，但我說可以空出三十分鐘開電話會議，聽他的故事和簡報，但我不保證幫得上忙。

我和我的電視執行團隊在會議室開腦力激盪會議，正進行到一半，助理提醒我有安排這場電話會議。

「你們想聽電視界以外的提案是什麼樣子嗎？」

大家圍在免持電話旁。

麥克用遠端監控軟體播放投影片，開始簡報。

漫長的十七分鐘慢慢地過去了。

我終於打斷了他說話：「麥克，等一下，先別繼續說。我得告訴你，我聽不懂。」

「對不起，哪個部分不懂？」

「基本上全都聽不懂，我真的不太明白你說什麼。」

現場鴉雀無聲。

「這樣好了，你再講一遍。如果有不合理的地方，我就插話。」

我叫組員聽到不合理或聽不懂的地方就舉手。

麥克又重新講一次。

講到第四句，有一位專員舉手了。

她脫口說：「我不懂。」

「這個意思是……」他詳細解釋了一下。

「繼續。」

又過了兩句：「我不明白。」他進一步解釋。

我隨即發現，和他提案時說的話或投影片相比，他的解釋更加有趣和清楚。

我把電話關靜音，叫一位組員站在白板前，寫出價值陳述和關鍵詞，就像我們準備提案節目一樣。

我在每句話和投影片後都會說：「我聽不懂。」麥克就會有條有理地解釋。我不斷說：「我聽不懂。」

他只要一講話我就會打斷他，感覺似乎很誇張。「我真的聽不懂，請你解釋一下。」但我們在過程中成功發現他的所有業務經營元要素。

只要對他說我聽不懂，他就不得不解釋每項元素。過程中他必須深入解釋，就像每個問題都逼得他不斷深入挖掘到最簡單的層次，直到他挖到資訊核心。

例如他會說：「我們請了一批自由記者處理發稿時間表，將觸及率極大化。」

「我聽不懂。」

「多數投資者關係公司只會按既定時間表發新聞稿，期望有人注意這些稿子。」

「我聽不懂。」

「上市公司制定了主動發布資訊的時間表，例如每週發三篇。多數公司只是寄出這些新聞稿就了事，然後希望有人寫一篇相關的文章。」

「我聽不懂。」

「新聞稿通常枯燥乏味，因為內容都是事實，對言論或宣傳也有嚴格的規定。」

「我還是聽不懂。」

「如果請真正的記者寫公司一篇既真實又有趣的報導，就比較可能被挑中刊登。」

「我聽不懂，你的做法是怎樣？」

「我請了幾百名自由記者，根據客戶的新聞稿撰寫報導。」

「所以你的報導，有什麼功用？我不懂。」

「這些報導會放上我們的新聞資源網路。我們擁有新聞媒體和網站，也和全球各主要新聞媒體合作。」

「我聽不懂，這有什麼了不起。」

「這表示客戶每次發布公司資訊，都會被寫成報導刊登出來。」

「我聽不懂，這很重要嗎？」

「現在投資者評估股票的原始資訊，都源自網路搜尋到的研究和報導。大家的說法和觀感才重要。」

「我不懂，每間投資者關係公司不都是這樣做嗎？」

「沒有投資者關係公司能做到這一點！所以我才說我們是媒體及資訊專家。」

「我應該明白了。」

談話結束時，看得出麥克已筋疲力盡。我想他知道我這樣拷問是在做練習，不是因為我無知（我是這麼希望），但是現在白板上寫滿了明確的價值陳述。我終於了解公司業務內容、運作方式、成功的原因和價值所在。

「你覺得怎麼樣？」他問。

「我聽懂了，快搭飛機過來，我幫你打造新的簡報，這裡有精采的內容等你。」

麥克在下週過來了。新簡報的架構不到一下午就做好了。

麥克透過遠端投影片向上市公司做電話提案，希望他們按月聘請他。這些上市公司全都請了其他投資者關係公司處理溝通業務，所以麥克希望他們能換公司。

麥克兩週後打電話來。

「我以前一個月要做十次提案，每三個月締結一位新客戶，這樣公司就撐得下去。但過去兩週，五次提案就成交三次！」

麥克欣喜若狂。大家終於了解他的業務內容和獨特之處。這些資訊淺顯易懂，別具一格。

我的重點是，現在麥克簽下三家新客戶，每家客戶一個月付兩萬五千美元。我真該多收一點錢才對！

當然，我真正學到的是，如果逼自己解釋業務內容以及價值所在，等到直搗核心時，一定會發現自己原先的盲點。

在電視開發會議中，我開始追根究柢問專員一些簡單又基本的「我聽不懂」的這種問題。這對我們釐清資訊幫助很大，也逼得我們不得不提出更簡單扼要的陳述：

「我們要揪出國內的黑心包商，揭發他們的罪行。」

「為什麼要這樣做？」

「因為大家都吃過黑心包商的虧。」

「所以呢？」

「這表示如果能抓到他們，伸張正義，會大快人心。」

「我聽不懂，你們打算怎麼做？」

「我們要設陷阱，像是《獵捕戀童癖》*。」

或者，

「超重廚師想變瘦。」

「這有什麼特別？」

「廚師生活中常吃墮落系美食，常常會發胖。」

「這有什麼特別？」

「這是廚藝兼減肥競賽。」

「聽不懂，兩者有什麼關聯？」

「他們必須邊減肥，邊吃自己煮的菜。」

「所以呢？」

「這會逼得他們必須學做健康料理，這樣才能減重。」

---

* 《獵捕戀童癖》（*To Catch a Predator*），二〇〇四年由克里斯．漢森主持的真人秀。節目內容為成年人假扮成未成年者，透過線上聊天，找出潛在性犯罪者，將其騙到約定地點後，被警方逮捕的過程。

「那該怎麼比？」

「他們必須料理美食才能贏得廚藝比賽，但又必須夠健康才能減重。」

前述第一個節目《獵捕惡包商》*大受好評，另一個節目即將播出。各位在讀這本書時，可能已經播出了，敬請期待。

用「我聽不懂」找出問題核心

用「我聽不懂」這個簡單問題逼問自己，能讓你徹底了解自己的提案。如果問得正確，問得又夠深入，就能發現提案的所有層次和面向。

我每接一家私人客戶，至少會花兩小時以上，針對公司每項陳述問愚蠢的問題。這樣很累，卻能去蕪存菁、直搗核心。如果不斷問：「我聽不懂，這有什麼重要的？」一定會有所發現。

有一家藥廠執行長幾乎快和我吵起來。他是市值數十億美元企業的執行長，大概沒有一再被逼問這種問題的經驗。

在準備提案前，不斷盤問自己。在決定那些是重要陳述前，一定要嚴格逼問自己。這種感覺很不好受。前十個問題很簡單，你早就有答案了。接下來十個問題才傷人，你會遭遇一些你答不好的問題（不過只是暫時）。

假設你在俄亥俄州阿克倫市經營五金行。如果你問：「為什麼客人向我買，而不上網或去美國家庭裝修零售商家得寶（Home Depot）買？」

你的回答是：「因為我是在地人。」接著再問：「為什麼這個很重要？」如果你的回答是：「因為錢要讓自己人賺。」那再繼續問：「為什麼有人會在乎這件事？」「因為……」

如果你被自己的問題逼到無言以對，答案似乎不夠明確，請回頭再問一遍，換其他答案。

---

* 《獵捕惡包商》（*Catch a Contractor*）美國真人實境電視家庭裝修節目。節目中會假借裝修的名義，請承包商估價，之後再揭露其報價是否合理的過程。

「為什麼客人要向我買，而不上網買」的答案，可能會變成「因為大家希望先觸摸實品」。

「這樣有什麼不一樣？」

「因為價格很接近。」

「為什麼這件事很重要？」

「因為他們希望馬上拿到產品，不喜歡網購要付運費和等待交貨。」

要不斷逼問、審問自己。

這樣不是很好玩嗎？一開始寫出三十項關鍵詞，然後擴充到四十句價值陳述。現在你不斷質疑自己，衍生出更多句陳述，也許已經變成六十句以上了。

每次透過逼問，都會從客戶口中挖出一些寶物。總是會冒出一些珍貴的想法。越多珍貴的想法擺在你面前，你的三分鐘就越有威力。現在，我要示範如何把你手上的所有陳述（這次是真的），篩選成三分鐘提案需要的二十五條陳述。這項篩選法會幫你確認陳述究竟是給予觀眾資訊，還是吸引觀眾參與。有一項規很重要：先給予觀眾資訊，才能吸引他們參與。他們必須概念化，才能加以情境化；在實踐化之前，先要情境化。

有趣的部分，現在才開始。

寫下短句摘要

在問完「我聽不懂」並看到簡化的答案後，各位也許能把產品特性中最有價值的元素，放進一個句子或片語中。在媒體和影視界，這稱為短句摘要。

以我公司製作過最成功的節目《超級減肥王》來說。讓電視台總裁在超級盃派對中買下這個節目的短句摘要為：「過重選手比賽誰減重最多；贏家就是超級減肥王。」

這句話輕鬆符合推特（Twitter）一百四十個字的舊限制。你能針對自己的概念，想出推特版本嗎？試著改寫成簡單俐落的一百四十個字（而不是現在鬆散的兩百八十個字限制）*。

* 目前中文的字數限制，仍維持一百四十個字。

從現在起，各位要評估資訊時，要想的是非說不可，而不是想要說。

你能不能想得出媲美《超級減肥王》這樣簡單扼要的短句摘要？

請到我的網站「三分鐘法則」（3minuterule.com）。在網頁上的方格中寫下你便利貼上的文字。我會把我的短句摘要寄給你，讓你和自己的版本比較一下。

別擔心寫不好。我有客戶花了好幾天，改寫他們的短句摘要。在後面的章節會繼續加以發展。

第 6 章

資訊排序，決定觀眾買不買帳

「搞不懂的人什麼都不買」是羅伯特・席爾迪尼（Robert B. Cialdini）一九九四年的著作《影響力》（*Influence*）中眾人皆知的概念。如果你為對方簡化流程，那些困惑的人會茅塞頓開，本來就了解的人會覺得自己的假設得到證實。

我最常看到的錯誤，絕對是混淆**資訊**和吸引人**參與**的語句。這個錯誤很容易犯，它會提高提案和簡報的難度，同時降低了應有的成效。

三分鐘提案的目標是先告知、後參與。

各位可以想成在玩拼圖。拼圖片都準備好了。現在，動手把它們組成漂亮的照片。我們先討論一下拼圖這項比喻：

如果組過拼圖，第一件事就是拆開包裝盒，將每一塊拼圖都倒在桌子上，確認沒有缺少任何一塊。現在各位應該已經猜到這些拼圖片代表你的價值陳述。有了拼圖後，下一步（除非你是特立獨行的人），就是將它們拆開，再找到四角和邊緣的拼圖片，就可以拼出邊框。邊框拼好後，補齊中間部分，也就是拼圖的核心。然後拼圖就完成了！

這和我們的做法不謀而合。我們會把你的陳述分為邊緣和中間兩部分。這些就是我所說的參與部分和資訊部分。

還記得在第二章，我將客戶提供的關鍵詞清單給了各位嗎？還問你們是否猜得出他公司的業務？以下就是他的故事。來看看你們根據關鍵詞推測得有多準。

拆解資訊再重組，無趣變有趣

傑夫是我小兒子同學的父親。我們每年在學校聚會大約見三次面。當時我預訂了五天的直升機滑雪歷險，有一位好友卻臨時取消。我太太說：「金姐的老公傑夫好像會滑雪。」兩週後我們一起搭上巴士，坐三小時的車結伴深入英屬哥倫比亞的荒野。

傑夫和我在巴士上相鄰而坐。車子一開動，我們就聊了起來。

我知道傑夫從事水管修繕相關的工作，但我不清楚細節，於是問他做怎樣的工作。

他說：「我經營的應該算水管修繕公司，但其實也不算修繕，倒像是水管服務公司，只針對居家重新配管。」

「我聽不懂，這是什麼意思？」

傑夫開始聊起銅管，接著談交聯聚乙烯（一種塑料）水管，接著聊水管包商和他的客服中心，以及他的業務員如何標到房子水管工程，他再轉包給水管包商，但這些包商必須得到認證，才能照他的方式重配水管……。巴士就這樣往前直奔。

這段路還真漫長。我隨口問傑夫的工作，他卻好像打算回答到抵達目的地才罷休。

傑夫的水管重鋪事業非常成功，事業做得非常大。但是他不斷談論到有「瓶頸」拖累他驚人的進展。

傑夫聲音裡的沮喪，我一點都不陌生。他對自己的事業知之甚詳，也很明白價值所在。他辛苦解釋他的業務內容時，我看出他的懊惱。這種感覺很常見，他很清楚他的核心價值和產品，但大家好像總是「聽不懂」。

他的業務包含太多要素，導致傑夫無法三言兩語解釋清楚。他不斷說：「但是我們也……」「但我們有辦法解決。」「我們也做得到。」和「只有我們這麼做。」來糾正或解釋各個要素。

他想說的重點太多，導致無法決定說的內容和順序。他就是參雜過多資訊，卻不知如何加以組織的典型例子。他解釋得一團糟。

但問題還不只如此。我在路上說了好幾次：「這個商業模式真棒！」但傑夫的解釋實在太混亂又太詳細，不難理解為什麼大家都聽不懂。我只能假設多數客戶都沒有和他一起坐巴士三小時。

路上傑夫對我說：「我太太說你提供提案技巧指導，你覺得我需要改善嗎？」當時我對傑夫了解不夠，很難判斷他是認真的還是在諷刺我。更重要的是，我不夠了解他，不知道他能不能面對真相。

「你的工作很複雜，有些內容很棒。我睡一覺後就會有些想法。」那晚，我在筆電前弓著身子瀏覽他的網站和行銷資料。他簡短的廣告片非常空洞，網站上的資訊多的驚人，卻完全沒提到公司業務的真實價值。

我很快做了把關鍵資訊寫成約二十項要點的練習，再用WHAC法加以分類，看起來還不錯，很清楚。接著，我以所有要點背後的概念加以延伸：

- 水管修繕公司，變成「全國水管修繕公司」。
- 重新配管，變成「我們的專業是重新配管」。

- 水問題，變成「重新配管能解決多數的水問題」。
- 維修，變成「我們維修並修補水管破洞」。
- 無需大工程，變成「將以往的大工程簡化成小維修」。

還有其他類似修改。

我在六張紙上草草寫下約三十句話。我一看到所有的價值陳述，就看到他的故事有了生命。

第二天早上，在我們滑雪前，我告訴傑夫：「我有東西要給你看，你一定會大吃一驚。」接著我們就匆匆滑雪去了。

傑夫的公司，可能是我最常見到的例子：聰明、有趣的價值型企業，但無法有效傳達訊息。

各位可能會遇到類似情況。你了解自己的價值及業務中最重要和獨特的元素所在，卻解釋不好，並且不知如何安排資訊的順序，及淺顯易懂的傳達方式。

當晚用完餐後，我對傑夫說：「我花了很多時間了解你們公司的業務和優勢，想讓你聽我的想法。」

在這趟五日遊還有其他幾組滑雪人士，我從其他組請了一位過來聽。

我請傑夫解釋公司的業務和強項。

那位臨時聽眾過來後，傑夫開始大談他在水管修繕的專業知識，滔滔不絕地講了一堆事實和陳述。他沒有拖泥帶水，講得也不會太複雜，不過就是亂無章法。他的故事沒有主軸。

新朋友很有禮貌，假裝很有興趣。他繼續寒暄一會兒，話題就開始轉移了。

「你看好。」我告訴傑夫。

我呼喚當天認識的其他滑雪者。「凱莉，」我說，「我剛得知傑夫的職業，覺得很有趣。我想知道妳怎麼想。傑夫的公司負責幫房屋重鋪水管。他們為整棟房子重鋪水管和所有固定裝置。妳知道最有趣的地方在哪裡嗎？他們重鋪水管時，其實不會動到舊水管。」

「真的嗎？怎麼做到的？」凱莉靠了過來。

「他們把新型塑膠彈性軟管沿著牆壁穿過去，接上所有水龍頭。一下就把整棟房子的水管裝好了。」

「真是高明，我從沒來沒想過。」

「想知道最棒的一點嗎？」我繼續說。「他們把這些塑膠管穿過牆壁和天花板上的小孔，什麼都不用拆。」

「什麼？怎麼可能？」凱莉說。「他們不用打掉石膏板牆，就能穿過牆壁？」

「不用。其實一天內，就能把整棟屋子的水管重新裝好，把小洞都補好，不會弄得一團亂，也不會造成損壞。妳根本不會知道他們來過。他們把以往的重大翻修工程，簡化成小工程。在施工時，妳甚至不必離開家裡。傑夫告訴我，他曾幫整間飯店施工，飯店仍照常營業。他們每天都進不同的房間施工，客人根本不知情。他們甚至穿便服出入大廳，這樣客人才看不出他們是建築工人。」

「太不可思議了！」凱莉說。「他們怎麼把新型塑膠管連上舊裝置？」

「傑夫，你們怎麼辦到的？」我微笑問。

傑夫接手回答這個問題，讓人更好奇也更感興趣。現在我們這桌氣氛有些熱絡，另一組滑雪者不久就湊過來聽我們說話。

凱莉對新來的觀眾說：「傑夫經營水管配置公司。他能把彈性水管穿過牆上的小孔，在一天內鋪設好整棟房子的水管。不動舊水管，只鋪新的。」

「太棒了！」其他人驚呼。「塑膠管和銅管一樣堅固嗎？」

接著傑夫回答了他的問題，大家爭相發問。接下來的三十分鐘內，傑夫回答了問題，介紹他的公司和作業方式。當時的觀眾最多一定有十五人。

大家都離開後，傑夫感到萬分驚訝：「你怎麼這麼快就辦到了？」

我告訴他，他的主要問題在於他搞錯提案要素的順序。他需要知道怎麼打動觀眾。我解釋了觀眾如何把他的資訊概念化、情境化及實踐化，以基本順序提供觀眾資訊的重要性。

關鍵是找出傑夫公司想告知的訊息，以及吸引觀眾參與的陳述句。

只要我能把基本概念告知觀眾，讓他們對運作方式產生興趣並有所了解，那他公司業務內容及運作方式等其他內容就成了關鍵環節。

在這趟五日遊，另外還有三十二位滑雪人士住在這家旅館。行程結束時，大家都聽過傑夫的提案，他也發現他們立即就了解他的資訊。同行至少還有十幾個企業主及創業家，目睹我們把他的資訊拆解，再組合起來。

那週結束時，我成功協助了文具公司、航運物流公司、客製化家居建築商、臨床治療師、直升機滑雪旅館、物業經理和房地產經紀人。過程中的每一分鐘都讓我很開心。在三溫暖裡全身光溜溜地，破解荷蘭理財規劃師的價值和獨特元素，是我畢生難忘的經歷。

這對我是很扎實的練習。在整個過程中，我發現我問傑夫和其他人的問題，與我向公司市值二十億美元的客戶提出的問題相同。你有什麼不一樣的地方？有什麼獨特之處？最有價值的是什麼？儘管陳述不一樣，但資訊模式和流程一定相同。WHAC法會將資訊加以分類，我們拆解所有陳述，再透過資訊及參與清單篩選，故事就油然而生。

判斷先後順序的方法

作品豐富的奧斯卡金像獎得主編劇亞倫．索金（Aaron Sorkin）曾對我說：「觀眾早知道的事，就別說了。」

運用WHAC法對關鍵詞分類和擴充後，先決定哪些資訊要先說、後說或者根本不說，然後著手打造你的故事和三分鐘提案。因此，我們要玩個先後順序的遊戲。

我和客戶共事時，通常會把他們每一句價值陳述句列印或書寫在索引卡上，然後讓客戶玩遊戲。我先把索引卡洗牌，再隨機排列在桌上。先隨便選一張陳述，我問：「在這張索引卡前，需要知道什麼資訊？之後他們會想知道什麼資訊？」

由於客戶必須大聲談論他們的提案，所以很快就展開攻防戰。客戶會審視自己的資訊，沒多久就會看出明顯的先後順序。這些句子前後呼應，宛如相互契合的兩塊拼圖。

仔細閱讀你的陳述，尋找明顯的先後順序。把明顯契合的陳述句連在一起。各位應該能看到有些陳述應該往前移；更重要的是，各位應該看得出有些應該不斷往後放。

除了「我是健身教練」或「我們投資藥廠」這種「你從事哪一行？」的簡單基本問題，也要仔細思考深入的細節問題。

例如，傑夫敘述的「你在施工時可以待在家裡」，這就是很強而有力的價值陳述句。不過，顯然我們先要提出很多資訊，才能講到這句話。我們要問：「為什麼可以待在家裡？」答案是：「因為施工不會造成一團亂。」這又導致另一項原因：「為什麼施工不會造成一團亂？」「因為他們只會鑽幾個小洞。」框架就這樣慢慢形成了。

仔細看每一句你寫的陳述句，再把契合的句子連起來。想知道下一句的話，就自問：「我該怎麼做？」或「為什麼這麼重要？」或「這該怎麼運作？」另外也要問：「接下來呢？」再找到之後的句子。

將陳述句以線性排列，就會逐漸連成一線。有些陳述會形單影隻、有些很難決定先後順序，這都無所謂。很快各位就會看到句子的先後次序，知道該怎麼添補空缺。重要的是陳述句要排得越多越好。

你會注意到有些陳述需要很多「前因」，才顯得出重要性，那就清楚表示這是「參與性陳述」。

如果觀眾中途提問，打斷你的提案，如果他們貿然下結論，或者他們不懂你之前說的內容，要求你再講一遍，這樣就會讓你把資訊性和參與性陳述混在一起。觀眾提問通常是好現象。這顯示了他們對提案的興趣有多濃，但如果是出於搞不懂或不耐煩，那就不好了。

你是否曾提案或簡報到一半，不得不說：「我等一下就會講到那部分」？或者提案到一半，一離題後就再也來不及說完剩下的提案？大概九九．九九%的機率都是因為過程中太早使用參與性資訊。

當混淆很難察覺時，問題就更嚴重。觀眾已經不理你說什麼，所以也不會因為聽不懂而插嘴提問。我聽到客戶在簡報完後說：「原本感覺還不錯，本以為他們一直都聽得懂，結果似乎卻不然。」我懂那種悽慘的感覺。這就是在資訊性階段，參雜參與性概念，整體成效因而大打折扣的後果。

現在，我們必須針對你的資訊，做出一些艱難的決定。我們最終不能把所有東西都塞入三分鐘裡，現在要當斷則斷了。

第 7 章

不必鉅細靡遺，三分鐘法則再精簡

現在，該把部分陳述句抽掉擺一邊了，這些句子最後進不了前三分鐘，並不代表它們沒有價值或不重要，只是這些陳述要在三分鐘後，才能發揮最大價值。前三分鐘並非要說非說不可的話，而是只說重點。

你的目標是刪減到只剩最重要的二十五條資訊性陳述句。在WHAC法的四大類別中，只有觀眾清楚理解所有必要情境後，你的陳述才會有效果。你必須留一些你喜愛的陳述在三分鐘後使用。

只要些許練習和信心，就能養成習慣，差別也非常明顯。各位看著提案，就可以憑本能將所有元素分類，並且直搗核心。也許我該說需要努力練習，因為我也不是永遠都駕輕就熟。

電影的「導演剪輯版」中，九九．九％都較為冗長沉悶，通常也無法播出，這不是沒有原因。因為導演（包括我在內）和自己創作關係太緊密，因而無法保持客觀。我們太過珍惜自己的資訊。我們要對自己的資訊充滿熱情，但不能太過捨不得。

出色的導演必須盡可能減少場景數量，卻能有效串聯故事，同時讓觀眾自行填補留白之處。

業餘導演會用以下的方式拍攝和剪輯場景：

家瑞滿臉憤怒地在講電話。
他掛電話時，給電話特寫。
家瑞衝到廚房。
從櫃檯一把抓起車鑰匙。
上車。
特寫插入車鑰匙發動車子。
倒車。
開車離開時，輪胎發出嘎吱聲。
他邊開車邊緊抓方向盤。
他開進車道。
用力甩上車門。
他衝到門廊。

猛敲大門。

安琪拉開門。

一臉驚訝：「家瑞，你不該在這裡！」

出色的導演拍攝相同的場景時，會這樣剪輯：

家瑞滿臉憤怒地在講電話。

從櫃檯一把抓起車鑰匙。

安琪拉開門。

一臉驚訝：「家瑞，你不該在這裡！」

傑出的導演知道，也信任觀眾能拼湊這些片段。不用拍出家瑞開車，只要拍出他抓鑰匙就好；不用拍出他用力敲門，拍安琪拉開門就好。我總說故事不必拍得鉅細靡遺。務必要尊重觀眾原本擁有的知識。我有許多客戶誤以為，簡化資訊等於把所有概念和細節硬塞進觀眾腦子裡。「簡化」不代表當對方是笨蛋，實際上正好相反。

我不斷提到**有鑑賞力的觀眾**。我說在打造提案或簡報前，一定要問兩個關鍵問題：

1. 觀眾掌握了什麼知識？（記得美國編劇亞倫．索金嗎？）
2. 他們如何將他們的決策合理化？

對觀眾說廢話是很糟糕的習慣，這等於暗示我們不尊重觀眾的時間和智商。

不斷刪除，只留下最關鍵的資訊

我們公司先前一直在為全國廣播公司製作《孩子的祕密生活》（*The Secret Life of Kids*）這個新節目。他們想要一部有趣的綜藝式家庭節目，請了好幾家製作公司提企劃案。我們為宣傳短片簡報拍了十幾個場景，也花了兩週以上的時間剪輯。當時正需要開始製作提案檔給電視台。

我們在便利貼上寫著宣傳片的關鍵資訊（見圖表 7-1）。節目看起來清楚易懂。看過便利貼的人都了解節目的走向（也許各位不知道這部節目，也不是電視人，但我敢說看了這十九張便利貼，就能大概了解）。

我們在用 WHAC 法分類及擴充價值陳述時，我看到了我們粗略剪輯的十二分鐘宣傳片。

我的剪輯師和製作人覺得最終版本應該會是九分鐘左右。當時我正因三分鐘提案大受歡迎而興奮不已，但依然覺得這個案子可能不只三分鐘。這不是簡單提案電視節目，而是要完整報告花了大量時間與精力準備的概念。我覺得我們有十四個場景和七頁的配音，因此這次提案可能需要更多時間。我問是否可以濃縮到六分鐘，剪輯師和製作人用不可置信的眼神看著我。

四天後，他們將時間濃縮成六分二十一秒。剪輯師說：「我們盡力了，但我覺得剪過頭。」短片是很好看，但我覺得還是太冗長。

我抄下辦公室便利貼上的單字和片語（見圖表 7-1），交給剪輯師。我說：「我只想

圖表 7-1　宣傳片的關鍵資訊

說這些，別超過五分鐘。」他一臉意興闌珊。

三天後，剪成五分十二秒。

「好，」我說，「但我還是不滿意，我們再試一次。時間要少於三分鐘。我是指不到三分鐘。三分鐘，超過一秒都不行。」

這次他們好像想造反了，但我態度非常堅決。

這不容易。我們花了好幾天間拍完場景，已經找不到能夠刪減的片段。各位想想，要剪掉可以播放的片段多令我們天人交戰。眼前是大家苦心打造和拍攝的心血，我卻必須扔掉。所以，當我要客戶刪掉他們多年才孕育出的創意和資料，我能感同身受他們的痛苦。

剪輯團隊為剪片陷入掙扎時，我也決定對書面資料一視同仁。針對節目的運作方式，我們做了二十七頁的簡報投影片。我說：「不行，簡報檔要在七頁內。」

三天後，我們傳了兩分五十八秒的宣傳片和七張投影片給電視台。全國廣播公司決定買下節目。

電視台從未見過的場景，耗費我們至少兩萬美元的成本。你多喜歡你的資訊或你投入多少資源都不重要，達成目標才最重要。

我無法斷言他們買下節目，是因為那支影片只有三分鐘，如果是九分鐘，他們就不會買。搞不好這個構想本身就很棒，就算是二流的提案，他們也會買下節目。

但我可以肯定地說，我從那天起就再也沒做過超過三分鐘的宣傳片，一支也沒有。我指的是我後來生涯中的五百場提案，沒有一支宣傳片超過三分鐘。我們的每場簡報，投影片總數全都不超過十張。

說得少，效果更好。

我知道你很難過，但你絕對可以再刪。

再次檢視 WHAC 的比重

我推動三分鐘提案很久了，但仍發現自己會太過重視所有資訊。一旦進入製作提案或簡報的階段，就必須退一步想，確保我有遵守自己的原則。

即使是寫這本書，我也必須透過便利貼筆記，才能確定初稿。就算完成這本書，在編輯成最終提交的版本前，還是需要這項極為關鍵的步驟。

因此，在確定最後練習確定二十五項核心價值陳述時，希望各位再透過 WHAC 法再分類一次。

這次要注意 WHAC 法中的各個問題，在整體簡報中的具體價值。

這是什麼？（五〇%）：你的核心概念，要能讓觀眾了解產品或服務的基本要素，就達成功簡報的一半。

如何運作？（三〇%）：如果觀眾對於核心概念及原理的理解，與你相同，那你就達成四分之三了。觀眾的購買決策八〇%由內容和方式決定。如果他們了解你提出的概念和價值，就會急著想驗證和參與。他們將會尋找解決方案。

你確定嗎？（一五%）：能支持或證明產品特性的事實和數據，對購買決策的重要性其實不高。如果觀眾能了解內容和方式，也急切、樂觀地想加以驗證，那問題通常沒你假設得那麼棘手。

做得到嗎？（五%）：這占最小比重。根據前述問題中創造的價值來看，這個答案無關緊要。例如，製作人應付不了《超級減肥王》這麼大型又複雜的節目。電視台對這個概念和潛力深具信心，直接與我的公司合作，參與實際製作過程，解決了這個問題。因為目標已經達成九五％，所以這樣並不會破壞流程。

資訊和價值越有力，「做得到嗎？」的重要性就越低。

所以當各位從最後的三分鐘清單中刪除部分陳述時，看看WHAC法各類別中的數目。

提供以下數字當參考：

這是什麼？：九句陳述，共一分三十秒。

如何運作？：七句陳述，共一分鐘。

你確定嗎？：六句陳述，共二十秒。

做得到嗎？：三句陳述，共十秒。

別照字面思考，找出最有說服力的元素

WHAC法的問題不能只照字面說明。重要的是主題和價值，而非文字敘述。

你必須先檢視這些問題和敘述，理解它們的重要性，再將之與你的建議做配對。你的提案中，最有價值、最有說服力的元素是什麼？那就回答了「這是什麼？」的問題。我發現客戶運用WHAC法製作簡報時，常過於執著在這個問題：他們的說明可能過於平鋪直敘。

來看一些例子，這樣各位會更了解。

還記得大衛，以及低油價下，仍可繼續鑽油的石油公司嗎？他們在各種土地權和波動油價的限制下，仍能取得、維護和鑽探石油的能力很珍貴，也很重要。即使油價跌至每桶三十二美元，他們仍可繼續探油。當時，油價大約在三十九美元，大家都十分恐慌低油價會促使全州的石油公司，都暫時關閉鑽油平台。在這種情況下，不能用他們是鑽油公司來回答「這是什麼？」的問題。

在大衛的簡報中，「這是什麼？」的核心是「我們是油價在三十二美元，還是能鑽

油的公司」。而「如何運作？」的答案是「這塊地的石油含量，比最初規劃的密度高三〇%，沉積層不需要多的支撐或減壓井*」。如果觀眾是內行人，或有興趣投資石油或天然氣，提供這兩個資訊，就達成了採購流程的八成。「做得到嗎？」這個問題，重點在為何沒有發生重大環境事件，以及租賃合約是否已認證。對他的觀眾而言，回答「能做到嗎？」的問題表示：「沒有意外因素，能阻止我們已持續營運多年的業務。」

再來看另一個例子，好真正了解WHAC法結構，以及重點在於價值，而非字面敘述。

在二〇〇〇年代，馬克・布奈特（Mark Burnett）是實境節目界最搶手的製片人。收視率排名前兩名是他的《我要活下去》**和《誰是接班人》***。憑他製作節目的佳績，就讓他聲名大噪。

---

* 減壓油井的主要功能是，攔截原來漏油的油井，並以泥漿和水泥來永久封住洩漏的地方。

** 《我要活下去》（*Survivor*），在節目中，參與者被限定在一個特定的環境下，依賴有限的工具維持生存，並參與競賽，最終勝利者將贏得一百萬美元的獎金。

*** 《誰是接班人》（*The Apprentice*），節目主要為川普公司挑選一位合適的人，成為他的「接班人」，勝出「終極面試」的人，可以獲得年薪二十五萬美元、為期一年的工作合約。

當時所有電視台都爭相邀請馬克進行提案。他當時一帆風順，在實境節目界是前所未有的景象。

馬克有一個新構想，叫做《海盜王》（*Pirate Master*）。這個節目類似《我要活下去》，只不過場景換成海盜船。船上的最後一人可以拿走寶藏。

WHAC 法的分析結果如下：

這個節目最具價值和重要性的元素**根本不是這個節目本身**。馬克高居節目生態鏈頂端。他是首屈一指的知名實境節目製作人，他以絕無僅有的國際格局和品牌內容製作節目。他有兩檔節目正在播出，大家都想標得他下一檔大節目。

所以各位覺得他下一個構想最有價值的元素是什麼？

針對**「這是什麼？」**答案就是：「這是馬克．布奈特最新的構想，他認為這是下一個轟動全球的節目。」這絕對是重要的元素，實際上也是。馬克在提案前九十秒會告訴買家，他對這個案子很有信心，很清楚該怎麼打造成功模式，以及這會是他目前為止最隆重的節目。他連節目內容或拍攝方式都不用提。

明白了嗎？這個節目最重要的元素，是全球第一名的製作人認為這是他下一部熱門節目。這是電視台購片員概念化時，最重視的一點——馬克．布奈特對這個節目很有信心。

「如何運作？」不是「節目如何運作？」而是「馬克．布奈特為何對這個構想如此興奮？」他提到這是類似《我要活下去》的節目，參賽者扮演爭奪寶藏的海盜。電視台當然就有了八成以上的購片意願。

「你確定嗎？」在此案例中，驗證或確認這項構想的事實和數據，具備一些公式元素（十六名參賽者、在真正的船上、每週淘汰一名參賽者、獎金高達一百萬美元）。各位可能認為實際節目拍攝方式很重要，通常各位是對的，但在本例，這只是用來驗證是否具有事實的基礎。在這裡重要性頂多只有一五％。

「做得到嗎？」馬克現在只要說他會親自監督製作，還有清楚說明要在哪裡拍攝就行了。

節目當場售出。他為美國哥倫比亞廣播公司製作了十四集。這是很極端的例子，說明了各位不必照字面回答 WHAC 的問題。

請各位盡量發揮創意來詮釋這些問題。它不僅能幫你鎖定最具價值的元素，也能讓資訊的次序和簡報的流程更加清楚。

但最重要的是，它能幫各位做出最後判斷，讓各位知道該留下那二十五句核心價值陳述，好製作三分鐘提案。

在後續的章節，會加入能讓提案或簡報生動有趣的所有元素，但我們先來進行另一項有趣的測驗。

模擬火災警報，練習把提案變精采

我和客戶第一次見面時，都會做這項很棒的練習，來篩選客戶的價值陳述。想像自己在簡報會議上。提案將近三分鐘，你正打算結束時，火災警報響起。會議室裡所有人都撤離，大家都被帶到街上（我在美國音樂電視台有過親身經歷）。

現在問自己三個問題：

1. 觀眾想回去繼續聽嗎？
2. 如果你無法回去，他們了解的資訊是否足夠做出決策？還是你有什麼資訊想補充？

3. 如果觀眾想對其他人解釋你的提案或企劃案，他們會怎麼說？

一定要保持中立，特別是第二個問題。我發現許多人還是執著在他們發展的要點上。因他們還沒有讀上一章，所以會認為隆重揭曉及豁然開朗這兩招很有效。但是各位已讀過了，所以我才和新客戶儘早進行這項練習。我不希望他們把最有價值的資訊，放在壓軸。

如果你滿意自己的答案，也調整過了，希望你再次練習一次。但這次簡報要計時，而且在兩分鐘後停止，模擬火災警報響了。在一樣的情境下，你對於中斷的內容有什麼看法？

是哪部分來不及提起？你對觀眾沒聽到的內容有什麼感覺？你的訊息還能引起共鳴嗎？他們想回大樓裡繼續聽嗎？如果有人問：「警報響起前，提案說了什麼？」他們有辦法對其他人解釋嗎？

再強調一次，請盡量維持中立。各位可能會發現，你們運用了一些自己喜歡的有趣字眼或片語，卻把重要資訊放太後面。因此火災警報器提早響起，一切都是白費工夫。

我也還在努力改進。我喜歡金句名言和詳細資訊，也喜歡帶領觀眾，不過有時我不得不退後一步，冷靜思索是否在說廢話。

我現在正在參加一場大型比賽節目的提案。這場比賽要測試參賽者即時回憶資訊的能力。在我提出的提案中，我非常想談論大腦處理記憶，及它認為重要資訊的科學。我想到一個有關「你不知道你其實了解很多」的很棒字眼和台詞，但這會拖慢我解釋遊戲功能的速度。而且如果火災警報在兩分鐘後響起，效果就弱多了。所以我只重新排列了提案順序，好讓開場的內容更豐富。

現在，再練習一分鐘的版本。提案的時間當然不夠，無法完整表達你的想法。但如果你認真檢視第一分鐘，你有辦法找人回來繼續聽嗎？答案必須是肯定的，否則就要加以調整。

再看一次你的短句摘要，看看推特的版本，你重新調整了嗎？

這些練習可以幫助你確定資訊的順序。在注意力只能維持八秒的世界中，要在整整三分鐘內，緊抓並吸引觀眾的注意力，真是一項艱鉅的任務。

許多人誤以為三分鐘提案，只是將冗長的解釋濃縮成活潑的三分鐘。事實並非如此。各位在本書大多是學習如何提升這三分鐘的效果和趣味，進而以最有效的方式傳達資訊。我們的目標是長時間集中觀眾的注意力，以便創造欲望。

我聽過數百場讓三分鐘度秒如年的提案。時間只是一種管控工具，絕不能代替內容的重要性。

第 8 章

向好萊塢頂尖編劇學會下伏筆

故事需要伏筆、歌曲需要副歌，電影需要彩蛋。各位的三分鐘提案也需要伏筆。

什麼是「伏筆」？

伏筆是會讓你大喊「太酷了」的想法、故事的媒介或要素。

「酷」是表達接受、理解和認同的完美字眼。

無論主題是否與趣味、價格、救命或情感相關都不重要。我們要的就是「酷斃」的情境。

你要有伏筆，讓對你的公司或提案知之甚詳的人，都會因此說出：「太酷了！」等類似的話。

我把這些提案和簡報技巧，傳授給我的大兒子。令人沮喪的是，只要他有求於我，都用這幾招來對付我。我有一輛通用汽車在一九六九年推出、造型極美的 GTO 櫻桃紅敞篷車，內裝是純白色。我兒子問我能不能開那輛車時，深知下手務必乾淨俐落，他總這樣鋪陳他的伏筆：「你知道我和你一樣很愛這輛車，我也沒讓你操心過。」我雖然沒直接說出口，但這些話好比是說：「太酷了！」代表我兒子是對的。他的確說了日期或活動，還有為何非開這輛敞篷車不可的原因，但他知道他和我一樣深愛這輛車，以及從沒讓我操心過的這個伏筆，才是打動我，讓我答應的原因。

既然各位備妥了核心聲明，也按照特定順序排好了，那我就為各位示範如何效法全球頂尖的好萊塢編劇，找尋和運用伏筆。

大家提案大同小異，為什麼要選你？

我一直是舊金山四九人隊的球迷，所以與球隊和美國國家美式足球聯盟（NFL）合作的機會，是我人生的重要時刻。

在我們合作的第一個案子，總裁帕拉格．馬拉迪（Paraag Marathe）和我共同開發出一部電視節目，內容是球隊廚師，將每週舉行烹飪比賽。和美式足球聯盟共同開發出這個節目後，我們對電視台提案的節目雖沒賣出，但我們卻建立了長久的友誼。

帕拉格當上球隊總裁後的第一項大任務，就是蓋一座新的球場。想想看，要在北加州執行一項要價近二十億美元的案子，各位知道有多難嗎？

球隊的舊球場——舊金山的燭台球場，幾乎快塌了。他們有兩種選擇：新建球場，或整支球隊要轉移陣地。球隊老闆約克家族，決定永遠都不會讓球隊搬家，所以不蓋球場的話，這支球隊就要解散。

約克家總算籌到建築資金，卻不得不拿球隊當抵押。實際上，如果不蓋球場，他們就得拱手交出球隊。

這項建案還有其他迫在眉睫的問題。為了募集這個案子的資金，帕拉格必須找到冠名贊助商，及其他十幾家大型企業贊助商。所有元素都需要新提案、新簡報和新伏筆。開始蓋新球場時，除了工程圖和設計模型，你手上什麼都沒有，只能紙上談兵。帕拉格的第一要務，必須盡快吸引大量贊助商參與這項建案。案子早就動工了，卻還沒找到冠名贊助商。這座體育館很引人注目，每場董事會議的緊張和壓力程度都不斷增加。

該動手設計新提案了。

大公司的體育行銷部，每年會聽到數十場贊助運動場、建築和廣告活動的提案。各位在後續章節會理解「觀眾知道的事」是打造舊金山四九人球場企劃案的關鍵因素。

他們的提案乾淨俐落，只說明最重要和最有價值的資訊。每場提案的伏筆都不一樣。美國華納媒體（Time Warner）或威訊無線（Verizon）的提案與美國捷藍航空（JetBlue）或日本本田（Honda）有些微差異。

對美國知名服飾品牌利惠公司（Levi Strauss）的球場冠名贊助提案，既簡單又精采。套用WHAC法時，所有元素和細節都清楚、簡潔。球場的尺寸、座位數、媒體曝光度、投資報酬率、招牌等，都好解決，但這些資訊需要伏筆才能發揮效用。

對利惠公司埋下的伏筆，就是其成立於美國淘金潮。這是一家加州企業，而四九人球隊代表礦工，是一支加州球隊。不只這樣，利惠和四九人球隊的標誌，都採用相同色度的紅色。這表示整座球場內所有商品和裝飾或彩繪的物品（包括運動員制服），都會有代表利惠公司的紅色。這兩個品牌根本是天作之合。

「太酷了！」這就是我們暗藏的伏筆，也就是球場叫做李維球場（Levi's Stadium）的原因。

但帕拉格和我的任務還沒結束。如我所料，蓋球場只是開始，接下來帕拉格必須讓更多人投入四九人球隊。我指的不是美式足球迷。我很訝異除了美式足球隊本身，球場還必須拉進多少生意才能運作。

一支美式足球聯盟球隊，一年只在主場打十場球賽（若打進季後賽，可能會再多打幾場）。球場在其他非賽季的時段都空蕩蕩的話，根本無法營運，因此還必須販售高級正面看台座和商務包廂。這些座位有絕佳的視野，可以盡興觀賞球場所有活動，每年可帶來高達五十萬美元的收益，但是球場必須預先安排許多備受矚目的活動才行，例如大型搖滾演唱會。

帕拉格的主要工作，就是協助談妥這些高知名度的活動。他問我何時有空和世界摔角娛樂的老闆文斯．麥馬漢合作時，我才知道原來這有多重要。

事實證明，一年一度的摔角狂熱大賽，在北美是相當盛大的體育賽事，僅次於國家美式足球聯盟的超級盃。其他演唱會或活動根本難以相比。讓我意外的是，全國各地的球場老闆每年都會到康乃狄克州朝聖，與麥馬漢和世界摔角娛樂見面，乞求在他們的球場，舉辦摔角狂熱大賽（真的是用求的）。

「為什麼？」我問帕拉格。

「摔角狂熱大賽是球場和社區最盛大的活動。它帶來的錢潮、車潮和人潮是其他活動比不上的。」

這對我倒是新鮮事。我從小就喜歡看摔角，我和他們一起製作過精采的比賽節目《試驗場》（*Proving Ground*）。他們觀眾群非常廣，也很激烈，令我震驚。我曾在自己的播客《為何我不……》（*Why I'm Not...*）錄過一集關於世界摔角娛樂，以及它在現今受市場歡迎、持久不衰的報導。到目前為止，這是好評度和收聽率最高的一集。但是聽到美式足球聯盟的球隊總裁，為了製作邀請摔角狂熱大賽的提案而苦惱，還真有點令人難以置信。

了解利害關係後，真正的焦點就在「推銷」。我在後續章節會詳細說明，熱情和推銷的不同。熱情能激勵人心，推銷卻令人毛骨悚然。我常說：「你越是期盼結果，而不是對案子有願景，你的熱情就越容易變成推銷。」如果觀眾嗅到了你強烈的欲望，就會發現你的急切，從而侵蝕你長久以來努力的成果。

你可以說帕拉格和球隊都很急切，或者婉轉一點，他們有絕對的需求和無法抗拒的欲望。我擔心的是，這些微的差異會讓人混亂，被誤認其實是絕望。

文斯．麥馬漢是一名知名企業家，享受別人絕望的模樣。

事情經過是這樣的：

每年約有兩週，文斯將球場老闆一個個請到他的辦公室，聽他們球場的提案，並質問：「我為什麼要選你？」每個人的會面時間，都是三十分鐘，接著他再做出最終決定。美國只有少數幾座球場辦得了摔角狂熱大賽，因此來來去去通常都是同一批老闆。二〇一五年，帕拉格、杰德（球隊老闆）及聖塔克拉拉市長飛到康乃狄克州，向文斯推銷球場。帶市長去是先決條件，因為你需要解釋所在城市會怎麼配合，以及會如何提供所有後勤資源，好舉辦這麼盛大的活動。此外，文斯喜歡市長和球場老闆表達對他的尊重。

我聽說各地的市長都會去時，我有些驚訝。大家的提案內容，都是換湯不換藥。每座球場的提案都相同。文斯何必要你來康乃狄克州？座位數、停車場結構、航班模式，所有相關數據都查得到，且基本上都一樣。

我聽說過關於這些會議的故事和謠言，以及文斯如何在會議一開始，劈頭就問：「我為什麼要選你？」來當開場白，接著連續拷問老闆和市長半小時。我聽說老闆根本沒機會進行提案，因為文斯會連珠炮般問個不停。這倒也滿合理。如果你是文斯，摔角狂熱大賽又是北美最大的賽事，不管舉辦地點在那裡，錢都會像雪花般飛來，那當然只需要問：「我為什麼要選你？」

帕拉格會把心力放在「為什麼要選你？」的問題上，不過他需要伏筆。他需要「酷」的時刻。他總不能進去就說：「我們有一座閃閃發亮的新球場，非常漂亮，還有八萬個座位。市政府會協辦這項活動。」早在五分鐘前，達拉斯牛仔隊總裁傑里．瓊斯（Jerry Jones）就說過一樣的話了。

「我為什麼要選你？」就類似於WHAC法中，我不斷思索「這是什麼？」的問題。請各位想像自己在詳細檢視關鍵字，再將之擴充成句子，思考先後順序後，再以WHAC法加以分類，最後發現「這是什麼？」的答案並不明顯。這與球場大小或如何與球迷互動無關。「這是什麼？」是一開始沒人會預料到的事。

帕拉格準備對全球最盛大的活動，提案自己的球場，他的「這是什麼？」與球場毫無關聯。

世界摔角娛樂的大廳有一座巨大的巨人安德烈＊雕像。這座約兩公尺高的龐然大

＊ 世界摔角娛樂旗下已故的法國職業摔角選手。

物，聳立在等待開會的人身後。安德烈的花崗岩手印，讓遊客忍不住想拿自己的手去比對。這是很令人難堪的經歷，就算是灰熊在大廳也會自覺渺小。這全是故意安排的。

帕拉格和球隊被帶進大會議室。在九公尺長的會議桌另一端，坐的是文斯．麥馬漢；他的女兒史蒂芬妮（Stephanie McMahon）坐在右邊。左邊坐著人稱 Triple H 的摔角手（文斯的女婿保羅．李維斯克〔Paul M. Levesque〕）。

在介紹和寒暄後，市長簡單介紹了這座城市，表示他很興奮，也分享了這座城市的一些詳細資訊。這就是市長的開場白和存在的理由（我會在下一章說明所有細節）。

文斯單刀直入地問：「各位，為什麼我們要把摔角狂熱大賽辦在你們那裡？」

帕拉格開始提案。以下是部分核心陳述：

這是什麼？這是摔角狂熱大賽和世界摔角娛樂，成為數位世界中心的大好機會。社群媒體、科技界最大和最有影響力的公司都位於矽谷。

如何運作？李維球場位於矽谷中心，而且已經成為代表矽谷的指標性建築。臉書、推特、谷歌、Instagram、美國線上顧客關係管理公司賽福時（Salesforce）、高科技產品製造公司思科（Cisco）等企業總部，都設在球場周圍地帶。很多公司在這裡也有商務包廂。

你確定嗎？現在已是社群媒體充斥的數位世界。聖塔克拉拉和矽谷是數位科技世界的中心。不單是指地理位置，就連文化也相通。

做得到嗎？李維球場辦美式足球賽時，可容納七萬六千人。若辦摔角狂熱大賽的話，可容納近九萬人。這是全新球場，設施也一應俱全。

這些是提案的基本陳述。但帕拉格也埋藏了伏筆，讓他在提案時說的每一字句，都發揮了作用。

伏筆需要情境才能發揮作用

帕拉格的伏筆很明顯。各位看：

有了後院那幾家科技龍頭的鼎力相助，李維球場擁有專屬應用程式，讓所有觀眾都能在座位上點餐。更重要的是，商品會直接送到座位上，不用排隊，也不用在大廳穿梭。

其他球場都沒有這項服務。

文斯和世界摔角娛樂在李維球場的商品銷售收入，將完勝全國其他球場。

整場提案大約只講了三分鐘，之後帕拉格便請文斯發問。

我解釋一下怎麼把這個伏筆，融入在帕拉格的提案和三分鐘法則中。

各位看一下伏筆的兩個部分——**陳述**及**含義**：(1)這個應用程式讓球迷能在座位上訂購商品；(2)世界摔角娛樂可提高商品收益。

伏筆需要情境才能發揮效用。如果檢視帕拉格的提案流程，我們可以清楚理解，在提到座椅系統前，必須先確定「這是什麼？」和「如何運作？」後，才能埋下伏筆。

來看看他如何敘述：

- 現在已是社群媒體當道的數位世界。
- 這是世界摔角娛樂立足社群媒體中心的大好機會。
- 聖塔克拉拉和矽谷是數位科技世界的中心，全球最大、最具影響力的社群媒體和科技公司都位於矽谷。

- 我們擁有史上科技最先進的球場。
- 我們與鄰近的科技龍頭合作，寫了一套應用程式，讓觀眾可以從座位訂購商品。
- 比賽進行期間，他們興致高昂，會在這時下訂單。
- 這套應用程式大幅增加了我們在比賽期間的商品銷售額，對摔角狂熱大賽也會有相同的功效。

以這樣的情境形容這套應用程式，各位在聆聽並理解後，不管有無明說，你都會驚呼：「實在太酷了！」

文斯正是這麼說。他一開口提問，多數都是圍繞著這套應用程式的科技和影響，以及該如何用來發揮自身優勢。文斯甚至還說：「這真是太酷了。」

二〇一五年，第三十一屆摔角狂熱大賽，在李維球場舉行。

加州史上數一數二的盛事，在不到三十分鐘會議中提案成功。

伏筆就該這樣運用在故事裡。

如何找到你的伏筆？

該如何為你的故事找到伏筆，再加以善用呢？

先看看各位對於WHAC法的答案。你應該能找出一、兩個最讓你興奮的核心陳述。如果觀眾完全理解你的產品特色，你再問他們：「最棒的是那個部分？」他們的答案很可能就是你的伏筆。

各位可以這樣檢查：先說出你覺得可能是伏筆的價值陳述。

以傑夫的水管配置公司為例。他的伏筆是「把以往的大工程，簡化成小翻修」。

因此，現在分析這句話的重要性。

針對傑夫，各位會這樣分析：

- 因為大翻修會造成一團亂。
- 因為大翻修成本高。
- 因為大翻修期間必須搬出去。

- 因為大翻修讓人壓力大。
- 因為整棟房子重鋪水管是大型裝修工程。
- 因為如果需要鋪設新水管，那種混亂和壓力會讓人打退堂鼓。
- 因為大家覺得小裝修便宜又輕鬆。
- 因為它讓我的公司有全新、獨特的系統。

分析後，各位會發現自己想大聲說：「這是不是很棒？」

就算不是天才，也能精準了解文斯最強烈的需求：賺錢。但對文斯來說，這並非他唯一的動機。錢並非唯一因素，不能只拿這一項吸引他。否則，摔角狂熱大賽只會選出價最高的投標者。傑夫也一樣，小裝修並非唯一因素，一定要搭配完整的情境。

別拿伏筆當開場白

對多數企業來說，找到伏筆很簡單。當我要他們說出經典句（能讓人驚呼「太酷了」這句），他們通常很快就想到，但問題通常是太快了。

許多人（可惜還有許多銷售書籍和銷售教練）都誤以為「伏筆」就是開場白。「您好，我是水管重鋪專家的傑夫，我們可以把您整棟屋子的水管重鋪工程，從大翻修簡化為小工程。讓我來解釋原因。」

聽起來是不錯。在各位開始看本書前，說不定也覺得沒有問題（我希望本書有這樣的影響）。

而且，以前「電梯簡報」當道時，伏筆當開頭的方法，可能曾經很有效。這一套的概念，是當你對同電梯裡的人說這句台詞時，他們會回：「真有趣，請你繼續說。」許多專家（和假專家）現在都還不斷鼓吹這個概念。

但現在多數人聽到這種開場白時，即使他們大聲說出這些話，也是口是心非。聽到這種開場白時，他們真正的想法是：「我不知道該不該信你，證明給我看。」

或者，如果你的陳述更浮誇的話，「胡說八道」就是他們腦海中浮現的第一個念頭。你就必須努力讓他們改觀。

你覺得這像是必勝絕招嗎？

這稱為**陳述驗證法**，數十年來一直被奉為圭臬。很遺憾，業務行銷的入門課，仍教授這一套。背後的概念是先讓對方渴望成果，再運用資訊讓他們相信你的陳述是正確的。

我總對大家說：「如果你用浮誇的結論做開場，再努力支持這項結論，觀眾一定會質疑，希望證明你是錯的。」

你們想一想，何必要讓觀眾覺得：「不可能，我不這麼覺得。」最後你可能得到他們的支持，但這樣一來，接下來你說的內容，都必須極具說服力，證實你剛剛透過伏筆提出的主張。這可不是什麼優勢，你為自己召來了一場苦戰。

所有和我合作的生技公司，開場時都說：「我們會掀起一場醫療業革命。」首先，除了不是什麼好伏筆外，觀眾的反應通常是：「真的嗎？會嗎？看起來不太可能，但你還是繼續說吧！」這時，結果是頂多有人在簡報結束時說：「這很棒，但我不覺得這會掀起產業革命。」

聽起來這像優勢嗎？我在管理「旅遊生活頻道」（TLC）時，製作人常劈頭就說：「我手上有一部新節目，收視率一定會是全電視台之冠！」「觀眾迫不急待。」或「這是廣告主的夢幻節目。」

各位想這樣為提案或簡報開場嗎？

陳述驗證模型已過時，目前的效率非常低，尤其在現在這種超資訊時代。科技、行銷和廣告在過去二十年大幅進展。過去幾十年來，為了影響你，每年行銷費用動輒數十億，現在變得高度複雜和有效，導致大家在生活中處處可見品牌的影響。你我每天都成為行銷目標——我們的年齡、性別、教育程度、收入水準、婚姻狀態、購物習慣等，永遠沒有盡頭。

持平來說，有些科學理論**支持陳述驗證法**，趨近動機就是其中之一。或者是人類具有動機做出決策或「買進」的原因。傳統觀念認為，渴望創造專注，表示如果你渴望某些東西，就會專注在這上面。因此，行銷、業務和廣告界，開始打造你對產品的渴望，好讓你專注在產品上，進而使他們能透過解釋所有細節，贏得你信賴。

科學指出，如果你說手上有下一部熱門節目，而我又是急需要一部熱門節目好保住飯碗的電視台購片員，那我一定會聽。這樣說也許沒錯，但是以現在的氣氛來說，就算我打算聽，對你同樣會產生質疑。

如果我說讀了本書，你的成功銷售率會增加一倍，收入會增加三倍，你絕對會渴望這種結果，甚至可能願意專心聽我說話。但從那時起，我說的每一件事實或陳述，不是支持就是反駁我一開始說過的承諾。

有個辦法更高竿。

《動機、情緒與人格》（*Journal of Motivation, Emotion, and Personality*）雜誌發布了一項具有突破性發現的研究：趨近動機，反方向也適用。他們發現**專注可以創造欲望**。這表示如果各位可以抓住並維持觀眾的注意力，其實也可以創造並建立他們對成果的渴望。你可以引導觀眾在聆聽和理解產品時，產生對產品特色的渴望和期望。

這樣的訣竅可能很先進，但是好萊塢數十年來就一直運用這種「專注創造欲望」的方法。透過講述故事，引導觀眾獲得你想要的（和他們想要的）結論，是好萊塢劇本創作的主題。你知道好人會勝利，你也**希望**劇情引導你，好人在九十分鐘後會獲勝。你知道結局是怎樣，這也是你的**期望**。當然，只要是謎，自然有隆重揭曉和曲折離奇的情節，也就是即「兇手是誰」（Whodunit）的因素。但是，如果觀眾覺得根據先前的場景和設定，自己早該預料到才對，這樣隆重揭曉的部分才會令人滿意。故事要精采，就要有這種基本結構——要帶領觀眾。

你要做的是，從簡單明瞭的事實下手，藉以打造你的大結局。最好觀眾在聽到內容和方式後，能自己勾勒出伏筆。因此，當你終於揭露伏筆，他們在腦海中會說：「沒錯。」

我總是告訴客戶，**伏筆是幾乎不須說出口的話**。

文斯聽到球場與科技界的連結，以及他們可以直接賣產品給座位席上的觀眾時，他就已經在想：「在李維球場能賺到比較高的收益。」但如果帕拉格一開始就說：「我們的商品收益，會比全國其他球場都高。」文斯的第一個想法就會是：「證明給我看。」接著對每句陳述提出質疑和批判。

傑夫解釋他的公司只會開一道小孔，再將彈性水管穿過牆壁，不會搞得一團亂，屋主也不必搬出去。在他提到「這根本不用大翻修」前，顧客就會開始這麼想了。

你真正要的是，根本不用說出伏筆，不須多加解釋。精采的故事就是這麼有力量，能引導所有人得出結論。

無論我們身在何處，都是行銷和銷售的對象，因此我們學會以不信任和懷疑的觀點對待所有主張。觀眾會下意識確認每一項陳述、承諾和提議。

如果你做出承諾比對手更好，客戶會覺得你在亂開支票。就算觀眾相信你的提議真的很有價值，他們也會開始找潛在的附加條件。情況會變得更糟。如果你甚至用了一些很浮誇的形容詞，例如「具革命性的」或「最了不起的」，他們只會覺得：「我被騙了，浪費我的時間。」

你的簡報必須違反常理，不能開場就說：「這筆交易太棒了。」一定要好好鋪陳和提供資訊，讓觀眾不需要你多費唇舌，就自然歸納出「這筆交易太棒了」這種結論。

請各位再看看自己最感興趣的陳述句，把重大承諾、摘要陳述，以及你對產品的讚美挑出來。把所有與伏筆相關的句子都放一邊，先把注意力放在WHAC法的問題上。你的陳述句必須能歸納出伏筆，句子間的鋪陳必須要很清楚。

如果你還沒這麼做，請把所有陳述句寫在索引卡上。最好在過程中，能移動索引卡。在螢幕上移動也可以，但是用手移動實體索引卡，更快也更輕鬆。

沒有伏筆，只會讓觀眾出戲

我很喜歡用這個例子來說明陳述驗證法。最近我在國家演講者協會的主題演講中，就用了這個例子。我很想知道對滿屋子的專業演講者，討論趨近動機理論，會產生怎樣的反應。

我在螢幕上放了美國歌手凱蒂・佩芮的一張大照片。我說：「我想介紹我的朋友凱蒂・佩芮。大家應該都聽過她的名字和歌。」

接著我說出陳述：

「凱蒂・佩芮是史上最成功的女藝人。」

大家對此報以充滿困惑的沉默。幾秒鐘後，我聽到角落有人大聲反對：「亂講！」

我笑了笑，問觀眾：「這裡有沒有人百分之百同意這個說法？」

在座所有人都舉起手。

我看到角落有一位優雅的非裔美籍老婦人賈米拉，她幾乎快站起來，雙手挑釁地來回揮動。

「有人相當不同意這個說法嗎？」

她在座位上轉身。大家再次舉起手。

「好吧，有人打從心底不認同這個說法嗎？」我往角落的那位女士走去。

「妳看起來好像不認同。」

「你在說什麼鬼話！」她說，然後有趣地大聲嚷嚷，談論她的靈魂姐妹瑞士籍美國歌手蒂娜．透納（Tina Turner），還有不合理、沒根據又大錯特錯的陳述。觀眾笑了。

舉手表決和賈米拉的長篇大論，證明了浮誇的開場白，會產生莫大阻力。我隨即問觀眾是否能讓我換個方式介紹她。

我再次放上凱蒂．佩芮的照片。

「我想介紹我的朋友凱蒂．佩芮。相信大家都聽過她的名字和歌，但我最近花了點時間研究後，才了解她的職業……」

然後我說了關於凱蒂生涯的簡短報導，接著以關鍵詞逐一說出簡單事實：

• 第一位在首張專輯，就獲得五首冠軍歌曲的女性

- 這是僅次於美國歌手麥可·傑克森（Micheal Jackson）的唱片
- 首位擁有數十億次影片點擊率的藝人
- 八項金氏世界紀錄
- 串流紀錄最高單曲
- 連續六十九週排名第一
- 連續十八週冠軍單曲的最高紀錄（其他人根本看不到車尾燈）
- 最暢銷的女藝人之一，唱片銷售超過一億張
- 奪得收入最高的女藝人頭銜六次

我轉向觀眾，問道：「各位知道我接下來要說什麼吧？」

我直接走向賈米拉。「我還需要說嗎？」她微笑，和我擊拳了一下。

「想想你們腦中的想法和我的陳述有多接近。」

不要陳述和驗證，只要告知和引導就好。

我喜歡這一點。要是找到了伏筆，就會開始覺得自己的故事生動起來。我知道那種

感覺，很飄飄然，也許你會想衝出門，對周遭的人試一下。

但是先等一下，我還有很多要分享，而且內容越來越精采。各位找到伏筆了，現在要找出令人耳目一新的特點。

王牌，一定要出乎觀眾意料。

第 9 章

找到提案中的王牌，亮出優勢

如果你知道「臀部窄道」是什麼，你一定是我節目的粉絲，不然我會好奇你是什麼樣的人物，或者讀那間大學。

開玩笑的，絕不是你想的那樣。

這個想法來自喬恩・塔弗（Jon Taffer）主持的熱門電視節目《酒吧救援》。我在二○一一年打造並賣出這節目，現在已播出將近兩百集，賺了將近二十五億美元的收益。這是我最成功的節目之一，當然也是在將所謂的完美優勢，運用在提案的最佳範例。我們在《酒吧救援》運用的優勢，就是臀部窄道這個點子。

第一次看到喬恩・塔弗，是在他的經紀人寄給我的熱門影片中。總而言之，我感覺他身材高大，嗓門也大，有點討厭，卻令人難忘。喬恩是酒吧及夜店老闆兼顧問，因為讓許多酒吧和夜店起死回生，而賺取大筆收入，也打響了自己的名號。

雖然我很感興趣，還是對喬恩的經紀人說我想考慮一下。說實話，喬恩太特異獨行，我真的不確定他有沒有電視觀眾緣。他擁有高登・拉姆齊*的傲慢風格，但少了英語腔，也缺乏廚神的修養。

我打電話給幫美國付費有線頻道 Spike 電視台製作節目的朋友，詢問他的看法。如果其他人和我有同感，我真不想浪費時間和金錢去交易和製作節目。

想不到電視台非常喜歡喬恩。我朋友說：「他太棒了！幫他打造一個節目，帶他來開會。」

於是我聯絡喬恩的經紀人，開了一次會，但我依然有些不肯定。我經歷過九十九次電視台「喜愛」某個藝人，但在第一百次開會後遭到拒絕。我知道電視台喜歡不代表會成交。我真的需要和喬恩打造出，能成為「搶手貨」的節目。

我和喬恩針對電視台提案會議，開發了一部節目。基本概念是喬恩每週挑一家生意慘淡的酒吧，把它拆掉重建，讓生意起死回生。這都要歸功於他直言不諱，又針鋒相對的風格，以及他協助酒吧老闆達成的重大轉變。

只有一個問題：這個節目與當時的熱門節目《廚房噩夢》（*Kitchen Nightmares*）類似，只不過地獄廚神高登拯救的是餐廳。因此我們需要多一些噱頭。節目的概念已經

＊ 高登．拉姆齊（Gordon Ramsay）英國廚師、美食評論家、餐廳老闆和電視名人。節目中以毒舌出名，是時下全世界高知名度的料理名人之一，被喻為「地獄廚神」。

有了，喬恩的嗆辣風格絕對是好伏筆，但我們還少了點吸引力，好加強節目的記憶點。

結果是什麼？就是臀部窄道。喬恩向我提到「臀部窄道」時，我立刻明白我們找到了節目需要的王牌。

我們向電視台提案那天，喬恩和我走進維亞康姆公司的大會議室，電視台主管齊聚一堂，要聽我們做提案。

我們依照 WHAC 法，在三分鐘內提供了簡單扼要的提案。

內容和方式一旦確立，我們就開始安排伏筆，形容喬恩對酒吧熱情又博學，像餐飲界的高登．拉姆齊，或音樂界的西蒙．高維爾＊。他就像他們一樣，吵雜、刻薄，講話又犀利，但他很懂這一行，而且永遠是對的。

接著，談到提案的王牌。

喬恩解釋，在他多年的酒吧和夜店顧問生涯中，他學到讓酒吧和餐廳成功的獨門祕訣。餐廳生意要好，食物是主要因素，但夜店和酒吧卻大不相同。

「為什麼有些夜店人滿為患，有些卻門可羅雀？」喬恩問。兩家可能彼此相鄰，生意卻有天壤之別。「我知道原因，我也每次都說得出原因。」

電視台主管身子全都往前靠了靠，急著聽到喬恩的祕訣。想當然，有些主管在競爭激烈的紐約夜店界有私人投資，一定轉身就會把喬恩透露的建議付諸實行。

「其他人絕對不會告訴你們這件事，」喬恩繼續說道。「你的酒吧需要一個臀部窄道。」

圍過來主管紛紛丈二金剛摸不著頭腦。什麼叫臀部窄道？看得出他們在努力思考。

「每家酒吧或夜店，都有人潮或行走動線，讓客人可以在酒吧裡走動、四處勘查。他們想看看酒吧裡有什麼新鮮事，還有那些客人。這就形成了大家不斷遵循的基本動線。每次我和新酒吧合作，都會重新設計空間，讓這種動線形成『臀部窄道』。」

「臀部窄道是酒吧裡一處狹窄的空間，兩人無法並排穿過。如果兩個人朝反方向前進，一定要側身才能經過彼此，經過的時候碰到彼此的臀部。人類碰到臀部時，身體會分泌腦內啡，所以男人和女人互相觸碰，會在彼此身上烙印『親密接觸』。腦內啡變多

* 西蒙．高維爾（Simon Cowell）英國唱片製作人、電視製作人。他是多個電視選秀節目的評審，節目中以犀利的評論出名。

的人會比較開心，待得久一點，點的飲料比較多，消費也比較多，再光顧的機會也更高，酒吧就可以賺更多錢。實際上這是將大家集中到必須碰到屁股，才能通過的地方。」

喬恩坐下，主管臉上的驚訝的表情很明顯。在這一刻，我知道節目成功賣出去了。臀部窄道大發威。

他們買了節目，我們製作了節目。臀部窄道就在第一集。

臀部窄道是一張王牌。**提案如果夠簡單，王牌能植入核心，提醒觀眾你能提供優勢**。各位也可以說它是協助發揮極限的因素。

王牌會是一件很酷的事實或趣聞，讓人做出類似（有時是實際上）腰桿挺直並寫下重點的動作。

如果你的伏筆很酷，當觀眾聽到你的王牌是他們聞所未聞的新玩意時，他們當下就會知道。

看了臀部窄道的故事，就會發現它有助於說明利益及主要價值陳述，但不能單獨存在。這當然是很棒的範例，但不只如此，它還逼迫觀眾檢視情境，並將你最有價值的陳述視覺化。

在《酒吧救援》的提案中，我需要引導買家了解喬恩不只是講話大聲、刻薄和愛尖叫的混蛋。他是對這個產業擁有多年經驗和無比熱情的專家。他會與觀眾分享聞所未聞的祕密。夜店或酒吧內部的許多元素，你覺得只是隨便挑選的結果，其實背後都有科學根據。如果你是節目觀眾，就會知道我在說什麼，在每一集都有這類的詳細資訊。

有趣的是，當我們為喬恩的節目做關鍵詞時，並沒有「臀部窄道」這一點。但是這個點子實在太有效，所以現在我對所有客戶，都把它當分類標題。問題永遠是：「你的臀部窄道是什麼？」

你手中的王牌是什麼？

那你的「臀部窄道」是什麼？那些故事或例子，最能說明問題？你有辦法找到特殊，但又能清楚說明觀點的趣聞嗎？

對於帕拉格和摔角狂熱大賽提案而言，其王牌是，就算球迷在排隊上廁所時，新應用程式也能提供體育館內的即時更新。應用程式詳細標示了每間廁所及位置；用綠色、黃色和紅色指示燈，確切告訴觀眾那間廁所最多人排隊。帕拉格和四九人團隊沒料到這項功能這麼受歡迎。球迷可以判斷從廁所來回的確切時間，盡量避免錯過精采球賽。摔角迷可不想為了排隊上廁所，而錯過摔角狂熱大賽。

對於傑夫和他的水管公司而言，王牌在於飯店聘請他重鋪所有房間的水管，卻沒有打擾旅客，也沒有告知他們目前正在施工。傑夫不希望按照其他公司的做法，關閉整間飯店以便重鋪水管。傑夫的員工每晚都訂下不同房間重鋪水管，沒有造成噪音或髒亂。八十七個房間全部施工完畢，完全沒有客人發現他們。他們在大廳或走廊不穿工作服，會在房間裡換好便服，然後像客人一樣走出去。

你的王牌得是富有些許魅力的故事，讓你可以理所當然地用「很扯吧？」做結尾。

「觀眾根本把應用程式當遊戲在玩。他們等綠燈亮起，然後看看能多快衝回座位。觀眾喜歡到不同樓層或區域找沒人排隊的廁所。很扯吧？」

「員工打扮得像旅客穿過大廳，走進房間，再換上工作服。這是前所未有的現象。」

仔細看看你的資訊。那一項會讓人大喊：「想不到吧？」仔細尋找陳述和伏筆。想像能清楚說明這些陳述的景象。那一項陳述最有動力、最精簡、最棒、最酷？你的王牌是什麼？

王牌並不一定是已發生的事，也可能是你認為會發生的事，或是你想像中正在發生的事。我和尋求募資的新創公司合作時，他們的應用程式或產品還在起步階段，因此通常沒有應用程式運作流程或產品銷量的故事。我協助他們找到產品潛力的優勢，或者講述能夠解釋為什麼他們能搶先看到產品需求的故事。

我和「Bed and Bale」這個新創應用程式合作過。這是馬匹專用的 Airbnb。攜馬的旅人都能使用這個應用程式，輕鬆找到附近的所有服務。

「Bed and Bale」的靈感來源很妙。創始人薇吉妮雅曾開卡車運馬，但車軸斷了，車子在路邊拋錨。薇吉妮雅原定第二天一早參加障礙賽，但她仍遠在三百多公里外。幾小時後，她終於叫到一輛拖車來拖運馬拖車。但馬匹嚇壞了，她只好把馬拉出拖車，試圖安撫牠們。六小時後，她根本來不及把拖車修好及參加比賽。

她不得不睡在卡車上，並把馬拴在停車場的拖車側邊。她上網找地方住宿，但所有合適的地點都關了。她知道這一帶一定有好幾百人有空的拖車和馬欄，但半夜十一點半不可能找得到。要是有應用程式能點擊一下就能租到拖車或馬欄就好了。

薇吉妮雅的提案具備的優勢，在於儘管她當時並不知情，但她錯過的比賽很可能是她的大好良機。那一週，前兩名的馬退賽，所以她很有機會能站上頒獎台。她往常只獲得第四名或第五名，但既然那兩匹馬退賽，她本可奪得第三名。當她最後發現自己痛失大好機會，覺得萬分沮喪，導致她決定打造自己在停車場努力入眠時，希望擁有的應用程式。

這則故事說明了這套應用程式的價值，但她差點就能上台領獎，賦予這則故事一張王牌。讓人想仔細聽下去。

你在提案時一定很想盡快用上伏筆和王牌，它們感覺很棒，影響力又大。但是千萬要抗拒這種誘惑。讓資訊發揮功用，再從這些問題中獲益。要告知再引導，不要陳述和證明。

我很多客戶都想要將本來是王牌的故事，當成開場白。

傳統觀點主張要以解決的問題開場，我完全同意。但我們現在要做的是，用開場來說明問題，而不是直接陳述。

在打造提案或簡報時，要先讓觀眾看到問題，然後再陳述，這樣比較鏗鏘有力。實際上，他們先擬好解決之道，你再提出來比較好。

現在我們要探討提案的開場與設定，然後再介紹影視圈中所說的「存在的意義」。

第 10 章

善用潛在問題，提升簡報價值

我大步走進餐廳，驕傲地對帶位小姐說：「我用瓊・邦・喬飛的名字訂兩位用餐。」

「好的。先生，這邊請，他在等您。」

沒錯，另一個人是獨一無二的邦・喬飛。他已經在等我了。

因為我和瓊・邦・喬飛共同開發電視節目，所以在紐約和洛杉磯與他見過四、五次面。到現在為止，這些會議都是正常會面，有經紀人和其他製作人陪同，所以都在談公事。因此，瓊・邦・喬飛約我吃早餐時，我有些訝異。不過，這個人堪稱史上最偉大的搖滾巨星，和他一對一會面，誰會遲疑呢？

兩週前，瓊・邦・喬飛留言要我打電話給他。我回電時聽到吉他聲，我問：「你在做什麼？搖滾明星在耍酷？」他笑了。「不是，我在練音階。」瓊・邦・喬飛在練音階！他就是這種一絲不苟又有紀律的人。

短短幾週後，我們本該向電視台提案我們正在開發的節目。因此，聽到他說想見面討論節目，我不感意外。我以為他想再深入討論這場提案和彩排。瓊・邦・喬飛說他一早就到洛杉磯，所以我們約一起吃早餐討論。

他和我正在製作《如果我不是搖滾明星》（*If I Wasn't a Rock Star*）。我們當時的想法，是每週找一位知名樂壇明星，探討如果他們在樂壇並不出名，會有什麼樣的人生。這位明星會花一週，過著如果闖蕩樂壇失敗會做的工作，而且和符合這種生活的家庭生活在一起。這個點子很有趣，所以一份業界報紙報導我們一起開發節目的消息後，引發眾人討論。

我們一起吃早餐時，已經準備向電視台提案這個節目。我們針對提案來回討論了很久，會議也安排好了。

我們見面、點餐、聊天，讓我覺得有點飄飄然。因為每隔幾分鐘就有人走過，我知道他們認出這位搖滾明星了，這時我會想像他們心想：「和瓊．邦．喬飛一起吃早餐的是何方神聖？」我心想：「沒錯，只有我和瓊．邦．喬飛，我超厲害的！」

寒暄幾句後，我就被澆了一頭冷水。他說：「節目有一個問題，我無法克服。整個節目所打造的前提，是如果我不做音樂，我會做什麼工作。事實上，我根本不可能不做音樂。我只有做過這一行，也只願意走這一行。現在，我們計畫讓我當景觀設計師，因為我喜歡戶外活動。但是我根本不會當景觀設計師，我不喜歡弄得髒兮兮。我從沒在戶外工作過，也沒有做過粗活！」

完蛋了。

瓊．邦．喬飛說得對。我們鎖定看到像他這樣的大明星，會從事什麼酷炫、有趣的工作的概念來製作節目。我們要的不過是表面，但瓊．邦．喬飛就是很介意我們說這是他以前可能會做的工作。因為在他看來完全不可能。

「我和十幾個我們想邀請參加節目的朋友談過，基本上他們都說一樣的話。音樂一直是他們的生命。他們的工作可能青黃不接，但除了音樂，我從沒真正做過其他工作。我和其他受邀上節目的人，確實別無選擇。」

我們在開發節目時，我就知道了。我們一直硬逼他接受景觀設計師這個點子，我覺得他很不情願，但我當時自以為，這是為了推廣節目概念而努力。

瓊．邦．喬飛在早餐時揭露的事其實很常見。每個節目的新創意都會有問題。世上沒有一個想法、提案機會或簡報會是完美的。總會出現一些你擔心觀眾會注意的事，扼殺了創意的價值。

和搖滾明星共進兩小時早餐，讓我學到非常寶貴的一課。後來我也教給我全部客戶，並在核心行銷策略中也會談到這一點。

難免會出現問題。

你不希望觀眾發現什麼？

當我與客戶合作或談話時，我總說：「先找出問題。」每次大家都誤以為我說的是，產品或服務能為觀眾解決的問題。我能理解這向來是提案和銷售的金科玉律——找出問題、說明產品或服務，如何解決問題或需求。

但我說要找出問題時，我說的是產品特色的問題。

我對所有新客戶或觀眾，首先要問的犀利問題是：「你不希望觀眾發現什麼？」

他們的答案總是說明了一切。如果他們夠誠實，一定會有一些想法出現。

我要做這項練習是因為到目前為止，各位的焦點都在於「價值」和「優點」。我們努力找出最有力道和影響力的資訊，再加以排序，以便打造故事並引導觀眾。我們處在提案或簡報模式時，思維會受到訓練和制約，好呈現出最優秀、最聰明、最樂觀、最熱情的一面。

這招也許曾經很管用，但時至今日，事情的另一面也一樣重要。我在前文提過了，現在的觀眾常被行銷訊息轟炸，本質上就抱持懷疑態度。一旦你散發「好到不真實」的氛圍時，他們就會啟動敏銳的直覺。

衝動地陳述和證明會造成觀眾反駁你的陳述；同樣地，如果你的提案或企劃案滿滿的正能量，觀眾就會尋找問題加以平衡。真正可怕的是，他們通常在你正在簡報時做這件事。

也許你做的是世上碩果僅存、只有優點的提案，觀眾到底有沒有尋找問題也不重要。但這樣的基礎真的堅如磐石嗎？

顯然不是（這樣的例子也幾乎根本不存在）。

你不希望觀眾尋找問題或爭議。你在解釋絕佳點子的所有優點和潛力時，不希望觀眾在心裡和你唱反調。但只在陽光充足、撒滿玫瑰的世界，才會發生這種事。

你有沒有製作過第一個問題就很負面的簡報或是提案？你一講完，觀眾就問：「那……呢？」

事實上，如果有人問你：「那……呢？」這個問題，你絕對無處可避。想一想：如果觀眾問的第一個問題，是需要你釐清的潛在問題，這就表示你在台上簡報時，他們一直在思考這個問題，也很可能錯過多數簡報內容提到的價值。這種情況最好要避免。

但是「那……呢？」的問題不純然是壞事。如果預先找出這些問題，我會示範怎麼加以善用，好發揮自身的優勢。

首先，請各位自問以下這些問題，好找出屬於自己的「那……呢？」：

- 你希望觀眾避免開始想什麼？
- 你希望他們遠離什麼結論？
- 他們會覺得你忽略了什麼問題？
- 你希望他們問的最後一件事是什麼？
- 如果有人否定你，他們的最有力的理由是什麼？
- 如果你的競爭對手在場，他們會怎麼評論你？
- 如果這是一場辯論，對方會說什麼？

你懂了嗎？要找出問題——你的問題。

如果無法迴避，就把疑慮放進提案

瓊・邦・喬飛用「那……呢？」狠狠打了我的臉。他說得對，我閃避不了。我依照往例行事：油門踩到底，全力衝過這個問題。以前我善用節目的潛力和機會，總能成功贏得電視台購片員的青睞，之後再處理「那……呢？」這個問題。

但這次不一樣，現在我別無選擇。下週我需要瓊・邦・喬飛在會議室告訴大家，如果他不是搖滾明星，會做什麼工作。他已經簽約擔任這個節目的執行製作，會在試播集演出。所以我們進會議室前，一定要解決這個問題。我知道如果瓊・邦・喬飛自己不買帳，絕不會開這個會。

現在回過頭看，答案更昭然若揭。我為何要堅持己見？我怎麼會想對購片員隱瞞這件事實？我參與過數千個節目，很清楚購片員會問這些過程的真實性。我知道提出這些問題是他們的職責。但是，在瓊・邦・喬飛提出這個疑慮前，我還在自欺欺人，相信我們逃得過這些問題。

因此和他共進早餐時，我決定改變策略。我說：「我們就直說。」瓊・邦・喬飛的臉上，出現些許困惑。

我說：「我們就直說你們別無選擇，說在這一刻前，你們根本沒考慮從事其他職業的可能性。我們把這點疑慮直接放進提案。」

「但這不就偏離原來的構想了？」瓊・邦・喬飛問。「我們說美國創作歌手藍尼・克羅維茲（Lenny Kravitz）會從軍，但其實他三歲就開始打鼓，音樂是他唯一從事過的工作。」

「不盡然。」我回答。「如果我們坦承不諱，那就不會。如果把它融入提案架構中就可以。藍尼的父親是陸軍特種部隊，所以這是有可能的。我們只需要調整呈現方式就行了。這樣一來，我們能掌控這個問題，而不是被它掌控。」

他說：「沒錯，但對藍尼覺得這確實不可能。我們真的不能請一大堆名人做這些工作，再讓他們說：『我絕對不會做這項工作。』謝天謝地，因為這樣只是讓我明白當普通人好可憐。」

「說得好。」我承認。「所以，那就帶著這個非深入討論不可的障礙去開會。」當時，我還不知道這會是一項重大突破。

這項改變非常細微，我們提案的節目內容沒有太大變動。但我們計畫把這個所有人都忽視的大問題，當成提案和節目概念的內容，在開會時好好討論。

到了重要的那一天，我們跑遍洛杉磯，對所有電視台及有線電視購片員提案這部節目。我們解釋，多數樂壇明星從沒想過從事其他工作，但是我們會逼他們嘗試這種可能性。對每家電視台提案時，我注意到這點越來越重要，對提案整體也有幫助，因此我開始將這一點全面納入提案。

我對美國廣播公司說：「如果能找到真正做過其他工作，以及不得不在音樂和其他職業之間做抉擇的明星，那就太棒了。但我們目前為止還沒找到。這個節目請到的藝人就像瓊．邦．喬飛一樣，他們對於音樂是他們唯一天命和選擇，從沒有過一絲懷疑。我們最在意的是，他們從沒認真考慮從事其他工作，所以節目可能會變成『看看一般人的工作有多爛』。」

我還沒來得及繼續說下去，美國廣播公司主管就回我：「當然沒錯，但看到瓊．邦．喬飛和其他明星，被逼著考慮過另一種完全不同的生活，實在很有意思。他們在瘋狂的旅行生活中，會發現從沒經歷的正常工作和家庭生活。我覺得如果拍攝手法得當，會非常溫馨。」

這絕對是走對了方向。

最後有四家出價，顯然提案很成功。如果沒有這樣改還會不會成功？也許吧。

在「問題」主導了提案，讓我們措手不及前，我早就有了全壘打的點子，開會時才沒被三振。如果會議是不以這種方式展開，瓊．邦．喬飛恐怕會不太滿意，導致我們會散發錯誤的資訊。

如果瓊．邦．喬飛那天沒邀我吃早餐，很難想像事情會如何發展。不過，我敢說的是，自那天起的經驗改變了我每一場提案。這是很棒的一課。

謝謝你，瓊哥！

備註：如果各位想知道為什麼從來沒在電視上看到這節目，是因為我們一直無法與電視台，和另一家合作夥伴美國溫斯坦影業公司（Weinstein Company）談妥交易。在多次嘗試後，要養的工作人員實在太多，也有太多人放不下身段。歡迎來到電視圈的美妙世界。

靠不利因素襯托有利因素

在進行瓊．邦．喬飛的提案過程中，我發現我能把節目的弱點當作優點。我注意到自己，透過解釋潛在不利因素，襯托出更重要的有利因素。

在所有名人型節目中，大家總是非常關心演員卡司。你真有辦法請到名人亮相？你有辦法請到「真正」的名人露臉？光是對購片員說：「我們要請天王、天后級名人。」是不夠的。

在這場提案中，我們說的是：「我們還沒找到做過一般工作的名人來演出。他們從小就很清楚音樂是他們的生命。到目前為止，在瓊．邦．喬飛的朋友中，所有對節目感興趣的人都是如此。」

我們擔心，明星被誤以為看不起普通人。

如果先把醜話說在前頭，我就能證實：

1. 我們持續在和名人洽談演出。
2. 顯然我們洽談的是一開始就踏入樂壇的大明星。
3. 瓊・邦・喬飛非常投入，一直陪我們研究並與洽談他的明星好友。
4. 我們真的深思熟慮過，對於最終的節目內容也直言不諱。
5. 針對可能的創意問題，我們與電視台正殫精竭慮解決問題，我們對自己的能力非常有信心，所以將其納入流程。

我清楚地感覺到這對提案的效果，第一次走出美國廣播公司的會議室時，我就知道了。

從那一刻起，我開始善用負面因素強調並襯托出正面因素。我會向各位說明在提案或簡報中該怎麼做到這一點。

我回去召集開發團隊，請他們拿出節目創意紀錄。接著，我在會議室裡來回走，想找出所有創意的「問題」。

果不其然，大家不到一分鐘就能找出每個節目的問題。所有人對這些問題都心知肚明。從製作提案的那一刻起，我的團隊心裡就有底，但就是沒人討論。我們的計畫向來都是堅持底，以強而有力資訊戰勝問題。

「如果你是購片員，決定不買這個節目的原因是什麼？」我針對紀錄上的每個創意發問。「我們馬上開始，好好開會討論。」

從那之後，我們的開發流程就包括找出最大的負面因素，在電視台主管還來不及想到時，就在提案中提出來。

我決定要當針對節目型態，提出所有可能疑問的人。我要電視台購片員捍衛這個構想的優點，而不是由我捍衛。

對全國廣播公司進行大型競賽節目的提案時，我說：「我不確定這個節目的演出陣容可不可行。機會不大，我們的目標可能太細，如果陣容不適合，我不確定節目會不會成功。」

電視台在會議中的回應是：「卡司一定找得到。必要的話，標準可以放寬一點。就算卡司只是『還不錯』，也能發揮不錯的戲劇效果。」

我自己都無法說得這麼好。不用我開口，威力會更強大！

我曾經將《名人四濺》（*Celebrity Splash*）這個節目賣給美國廣播公司。內容是名人學習從奧運跳台跳水。你們要笑就笑。我說真的，當時聽起來和現在一樣扯。但我們在提案時，就知道這一點，所以也把它納進提案中。

我在提案時說：「我們會努力請超級名人上節目，但當紅名人不可能答應，所以我們必須接受這事實。這表示觀眾的確可能和我們一樣，覺得這個節目很荒謬。各位和我都知道，這個節目在歐洲大受歡迎，不表示在美國也會成功。這可能是一項蠢點子。」

果然，美國廣播公司主管約翰．薩德說：「沒錯，但我覺得這就是吸引人的點。我們要發揮這個節目的荒謬和可笑到極致，這樣才有可看性。我認為這就是這個節目在歐洲大受歡迎的原因。」

各位看到了嗎？

各位看到觀眾怎樣開始代我解決問題了嗎？看到我怎樣善用自己的設定，以及提案中深具價值和說服力的要素，讓觀眾為我解決問題嗎？

這比企圖掩飾問題，並讓美國廣播公司的購片員，在提案結束後說：「我想你應該請不到大咖名人。」還有威力。我不需再次強調，就能強化這個節目在歐洲有多熱門這一點。

「萬念俱灰」的時刻，得到觀眾支持

這和好萊塢關鍵敘事技巧「萬念俱灰」的原理相同。

電影播到這一刻，英雄事事不順心，已經一無所有。這個時刻是用來讓觀眾預測，並渴望出現大逆轉，最後得到快樂或美滿的結局。

各位看到壞蛋即將取得勝利，一切似乎無望時，你會希望看到報應、出現逆轉勝。你會祈求英雄死而復生。

在《洛基》*這部電影中，這就是他好像已經輸定的那一刻。你幾乎要對著螢幕大喊：「快起來！」編劇打造了這一刻，讓你預測並期待接下來的發展。洛基爬起來。身為觀眾的你，也被這個角色深深吸引，打從心底相信他的使命，同時全力支持他。

如果你目睹這一刻，你不會想著：「終於結束了。鯊堡監獄的生活太悲慘，我只要安迪．杜佛蘭日漸憔悴，靜靜死去。」**你會希望他逃獄。你非常清楚知道為什麼你要他逃獄，因為前八十分鐘的情節，讓你想為他加油，同情他的悲慘遭遇。你對他的結局有信心。

只要在故事或情節中打造一點點「萬念俱灰」的時刻，就是替觀眾創造同甘共苦的心態，打造了他們相信這段故事的時刻。我告訴所有的合作夥伴，面對可能的不利或負面因素，你只有三種選擇：

---

* 《洛基》（*Rocky*）一九七六年的美國電影，內容在講述一位籍籍無名的拳手洛基．巴波亞，在獲得與重量級金牌拳手一較高下的機會後，奮力一搏的故事。

** 電影《刺激1995》（*The Shawshank Redemption*）中的情節。影片中講述銀行家安迪．杜弗倫（提姆．羅賓斯〔Tim Robbins〕飾）因涉嫌謀殺夫人及其情夫被判無期徒刑，而被關入鯊堡監獄（Shawshank Prison）服刑的故事。

1. 你提出負面因素，讓觀眾想辦法解決。
2. 等觀眾提出負面因素，你再想辦法解決。
3. 沒人提出負面因素，觀眾相信這些負面因素，卻沒人解決或處理。

各位認為那種策略比較有效？

答案是第一種吧？

順道一提，並沒有第四種選項：觀眾沒注意到，或沒想到負面因素。現在這個社會，觀眾會挑剔每一則陳述，隨時磨刀霍霍，尋找負面因素。他們會假設你處心積慮地要加以隱藏。

那就是這項公式的另一個風險。對方對你的印象和觀感會很特別。

比起負面因素，觀眾更討厭虛假

我合作過一家生技公司。這家公司的財務結構有一些債務異常。雖然不太好看，實際上不是什麼大問題，和公司的產品、研究及潛力也無關。我看了他們的投資者簡報。執行長一開放提問時，關於債務及財務結構的問題，就排山倒海而來。

執行長感到不自在，也有點惱怒。他回答時態度有點不屑，答案也不夠全面。因此觀眾接下來問的也是差不多的問題。他回答了十一種融資和債務的相關問題後，才有人問起這次簡報的重點——一種極為有效的偏頭痛新藥。

我不是金融天才，但就連我也知道在開發流程中，債務只是小問題，將來的醫療突破才更重要。但是當我會後與幾位投資代表交談時，很多人都說出：「我不信任他。」或「他隱瞞了內幕沒有說出來。」諸如此類的話。

我敢打賭各位在《創智贏家》上看過這副景象。主持人馬克．庫班（Mark Cuban）（他最常這麼做）會問一個幾乎與提案無關的問題，打開潘多拉的盒子。由於節目的魔法剪輯，使馬克看起來像是問了一個莫名其妙的問題，讓參賽者措手不及。實情是拍攝過程中，有一長串的問答環節，最後被剪掉了。馬克不斷在找「他們沒告訴我的事情」。

我和馬克合作過一部非常有趣的電視節目，他對我說：「錢對我來說事小，重點在於人。要是讓我發現他們隱瞞資訊，或是企圖不透露負面因素，那就不是我想合作的夥伴。」

很遺憾，這位生技公司執行長的舉止，讓人感覺他刻意迴避問題。我知道他不是，只是不覺得這有什麼大不了。他對於公司的成就和價值太過熱情，所以覺得討論這種小小的財務問題，根本浪費時間。下一次融資他就能解決這個問題。我覺得他真幸運。上市公司執行長必須遵守嚴格揭露的法規，因此不管怎麼說，他都有義務對觀眾揭露這項資訊。上市公司就該遵循這項法規。如果他沒有揭露這個問題的義務，我保證他一定會絕口不提，情況就會更糟，因為認真研究該公司詳細資訊的投資者，最後都會發現這個問題。

如果他們日後發現這件事，會認為他企圖隱藏這個問題。觀眾不喜歡你文過飾非，會鄙視你企圖隱瞞問題。不管你有沒有企圖隱藏問題，如果觀眾認為你刻意迴避，就會激發他們的疑心病，開始發動攻擊。對你以前的說過話或做過的事，全都會抱持著懷疑態度。

我請執行長在前三分鐘試著提出這項債務問題，好好講清楚。我希望他趁別人還沒想到前，先解決這些問題。他有點不情願，但我對他說明，他可以趁機解釋公司財政政策較為保守，雖然必須付出短期成本，但現在公司已準備進入下個階段。這符合該公司的核心價值。

我向他保證，開放提問時，不會碰到很多犀利的問題。事實上，第一個問題的確和債務融資有關，但這次是一位投資人問執行長，對於自己所屬集團的投資和貸款財務重整，感不感興趣！這和他先前被問到的問題相比，根本是一百八十度大轉變。這位投資人把這件事當成商機，而非負面因素。現在沒有人會認為他在隱瞞，或是躲避問題了。

所以，請各位回答「我不希望觀眾知道什麼？」再找出最明顯的可能問題。接著看看各位的興趣陳述，找出能證明這不是什麼大問題的陳述。我把這些稱為各位的道具（因為是回答問題的有力支援）。

較佳的做法是，想像你暗中希望觀眾最好別問的問題。你會用什麼元素為自己辯白？你的那項興趣陳述澄清力最強？

各位很可能會從 WHAC 法中的「你確定嗎？」的事實、數據、邏輯和原因類別中取得資訊。這在提案過程中，是支持內容和運作方式的證明，因此這是個好機會，可以證明你打算解釋的問題其實不嚴重。

你們回想一下摔角狂熱賽的提案，它的負面因素在於那是全新的體育場。新的體育場的確又閃亮、又酷炫，但會出現突然湧入大量人潮的問題。將近九萬名粉絲湧進球場，可不是好玩的。

因此，世界娛樂摔角的總裁文斯．麥馬漢，不可能沒想到這一點。不把問題攤開來講，實在說不過去。因此，球場總裁帕拉格，談到體育場的大小和規模時，他解釋了這座體育場在開幕時經歷過的陣痛，也提到了當時的混亂、爭論和意料外的問題。

當然，文斯知道造價將近二十億美元的體育場，即將舉辦美國國家美式足球聯盟節目，及舉世最盛大的賽事，一定會採取所有必要措施，讓事情圓滿順利。但由於帕拉格先發制人，解決了這些問題，消除了文斯在這方面可能的憂慮。不只如此，帕拉格也趁此更詳細說明這座體育場，具備最完善的基礎設施和最先進的科技。

所以，尋找適當時機，把負面因素融入簡報，善用「很令我們意外的是……」「我還在努力……」「我們努力避免的是……」「我們努力在解決的問題……」或「一開始我擔心……」。

這是一項簡單又有效的工具。不必害怕負面因素，要盡量深入研究，越深入越好。如果這些負面因素真的是致命傷，你不可能還在進行這個構想。你一定是覺得這個構想利大於弊。因此你要相信，如果觀眾用你的角度看待這件事，他們一定會同意。

我讓所有客戶進行這項練習。有時他們的負面因素清單根本虛假又做作，感覺像是用制式答案回答：「你不擅長做什麼？你有什麼缺點？需要改進那一方面？」這種面試問題。

每次聽到「我工作太拚」或「我長期以來，成就常常超標」這種話，我總會心想：「才怪！」這只會讓說出這種話的人，更難找到工作。

如果大方承認自己的弱點，再運用這些弱點時，會散發十足的自信。它會對觀眾大聲宣告，你對自己的事業、產品或服務深具信心，所以這些負面因素絕不構成問題，能夠用各種原因，隨時解決。

準備整合所有的內容了嗎？

到目前為止，各位已擬好了最有趣的陳述句、找到了伏筆、發現了能令人驚嘆的王牌故事。依照WHAC的次序鋪陳故事，也找出了可以支持的負面因素。

讓我向各位示範，該怎麼從頭開始打造提案，好讓各位清楚了解該怎麼運用這些方法，同時在現實生活中，測試你的提案。

第 11 章

照著做，打造專屬你的提案

當我開始寫這章時，得知有位好友兼客戶，才剛為他的新應用程式，完成新一輪一千萬美元的融資。因為最近他和我剛製作完三分鐘提案，我也很愛事情圓滿順利的感覺，所以我想帶各位一步步了解該如何從頭開始打造提案，好讓各位照著做，打造屬於你的提案。

當時的想法是開發名為「自由鳥」的新應用程式，是搭配了許多組件的簡單構想。

打造這個構想的過程如下：

寇特．布倫德林格（Kurt Brendlinger）在我的辦公室裡，笑逐顏開。他有一個應用程式的點子，砸下自己為數不多的資金，想全力開發這個應用程式。

他製作了鉅細靡遺的簡報檔，耐心地為我一一解釋。他的簡報充滿了事實、數據、選擇方案、和術語。寇特講完後，臉上露出興奮的表情。他自以為簡報清楚好懂，我會為他鼓掌。

簡報並不好懂，我也沒鼓掌，還不到時候。

但我和他一起深入研究，剖析了應用程式真正的意義和優點。我一搞清楚後，就興奮起來，請他解釋怎麼會有這個構想。

寇特在高爾夫球場，問女服務生去那裡吃晚餐比較好時，「自由鳥」的靈感油然而生。她建議市區的三家餐廳時，寇特問：「妳最喜歡那一家？」

她回答：「我喜歡傑斯特速食店（Jester's Fast Food Restaurants）。」

「為什麼喜歡傑斯特？」他問。

「因為他們會幫我付優步（Uber）的錢。」

這就是靈感的火花。這就是寇特開發出來的服務——餐廳和酒吧的乘車服務。

寇特大致了解應用程式的運作原理，他做了一些測試，寫好了程式，獨力做了研究並解決一切。現在他需要募資。

我開心地答應幫他打造簡報。

我們先從便利貼和白板開始，這些是照抄我辦公室白板的筆記。

一旦有了關鍵詞，就能開始寫陳述了。

圖表 11-1　「自由鳥」的關鍵詞

價值陳述

- 優步：優步和來福車＊每晚里程數高達數百萬次。
- 餐廳：大家晚上搭優步出去玩。
- 酒吧：大家搭優步去酒吧，免得還要開車回家。
- 免費乘車：酒吧、餐廳為潛在客戶提供免費乘車服務。
- 千禧世代：比任何人都更愛搭優步。
- 廣告：酒吧和餐廳可以對潛在客戶廣告。
- 吸引顧客：提供免費乘車服務，吸引潛在客戶。
- 應用程式服務：全部在應用程式上完成。
- 信用卡：我們會追蹤信用卡購物情況。
- 補償：購買後可拿回乘車費。

＊ 來福車（Lyft）和優步類似的應用程式。

- 開放原始碼：優步和來福車開放了原始碼。
- 特定區域：酒吧可以設定吸引哪裡的客戶。
- 付費客戶：客戶必須在酒吧花錢才能搭便車。
- 飲酒：大家不開車時，會喝比較多酒。
- 群組：吸引共享優步的朋友群組。
- 安全：免費行程能鼓勵更多人使用服務。
- 乘車共享：晚上出門的人，都會考慮使用優步或來福車。
- 資訊追蹤：能知道誰去了哪裡及花了多少錢。
- 購物金：顧客使用服務的話，能得到獎勵。
- 行為：客戶必須購買才能獲得免費行程。
- 乘車預算：酒吧可以設定每次乘車的預算。
- 獎品和獎勵：我們針對所有行程，提供贊助商的獎勵。
- 乘車範圍：以半徑區域決定預算。
- 套牢顧客：顧客會長久支持。

- 功能齊全：應用程式直接向優步叫車並同時付款。
- 所有行程：不只有贊助商行程能賺取獎勵金。
- 品牌：其他廣告商可以行銷或提供獎品。
- 直效行銷：這套應用程式直接服務客戶。
- 增加吧台消費：搭優步到酒吧喝酒的顧客，消費額會更高。
- 任何服務：不管是優步、來福車、計程車或其他新服務，全部都適用。

接下來，我們將它們放入清單中：

資訊

- 優步：優步和來福車每晚里程數高達數百萬次。
- 餐廳：大家晚上搭優步出去玩。

- 酒吧：大家搭優步去酒吧，免得還要開車回家。
- 免費乘車：酒吧、餐廳為潛在客戶提供免費乘車服務。
- 廣告：酒吧和餐廳可以對潛在客戶廣告。
- 吸引顧客：提供免費乘車服務，吸引潛在客戶。
- 應用程式服務：全部在應用程式上完成。
- 補償：購買後可拿回乘車費。
- 付費客戶：客戶必須在酒吧花錢才能搭便車。
- 乘車預算：酒吧可以設定每次乘車的預算。
- 乘車範圍：以半徑區域決定預算。
- 行為：顧客必須根據承諾行事。
- 功能齊全：應用程式直接向優步叫車並同時付款。

參與

- 千禧世代：比任何人都更愛搭優步。
- 信用卡：我們會追蹤信用卡購物情況。
- 開放原始碼：優步和來福車開放了原始碼。
- 特定區域：酒吧可以設定吸引哪裡的客戶。
- 飲酒：大家不開車時會喝比較多酒。
- 群組：吸引共享優步的朋友群組。
- 安全：免費行程能鼓勵更多人使用服務。
- 乘車共享：晚上出門的人都會考慮使用優步或來福車。
- 資訊追蹤：我們能知道誰去了哪裡及花了多少錢。
- 購物金：顧客使用服務的話，能得到獎勵。
- 套牢顧客：顧客會長久支持。
- 所有行程：不只有贊助商行程能賺取獎勵金。

- 品牌：其他廣告商可以行銷或提供獎品。
- 直效行銷：這套應用程式直接服務客戶。
- 增加吧台消費——搭優步到酒吧喝酒的顧客，消費額會更高。
- 其他服務：不管是優步、來福車、計程車或其他新服務，全部都適用。

先後順序

之後我們做了前後對照，將架構組織起來。

- 餐廳：大家晚上搭優步出去玩。
- 酒吧：大家搭優步去酒吧，免得還要開車回家。
- 優步：優步和來福車每晚里程數高達數百萬次。
- 免費乘車：酒吧、餐廳為潛在客戶提供免費乘車服務。
- 吸引客戶：提供免費乘車服務，吸引潛在客戶。

- 應用程式服務：全部在應用程式上完成。
- 功能齊全：應用程式直接向優步叫車並付款。
- 付費客戶：客戶必須在酒吧花錢才能搭便車。
- 補償：購買後可拿回乘車費。
- 行為：客戶必須購買，才能獲得免費行程。
- 乘車預算：酒吧可以設定每次乘車的預算。
- 乘車範圍：以半徑區域決定預算。
- 獎品和獎勵：我們針對所有行程，提供贊助商的獎勵。
- 廣告：酒吧和餐廳可以對潛在客戶廣告。

接著我們開始透過 WHAC 法，過濾核心資訊，清除非必要資訊並找到伏筆。

這是什麼？

由酒吧和餐廳支付顧客車資的應用程式。酒吧和餐廳老闆為晚上願意光顧的顧客，提供免費乘車服務。客戶開啟應用程式，查看那家店願意支付車資。他們選擇地點後，如果他們在那家酒吧或餐廳消費，該趟行程就免費。酒吧和餐廳並不是針對潛在客戶支付行銷費用：他們針對實際來店消費的客戶花這筆錢。

要注意的是，我們將應用程式的使用過程歸類為「這是什麼」，而不是「如何運作」。因為真正如何運作的問題，是這套應用程式對酒吧或餐廳的效果如何。其核心概念是，顧客只要開啟應用程式就能享受免費行程。

如何運作？

雖然顧客享受的是，從接送到用餐的全包服務，但必須在酒吧消費，才能享受免費行程。「自由鳥」會直接連結顧客的優步，因此顧客可以像平常一樣叫優步並支付車資。但「自由鳥」可以追蹤乘車費用，顧客如果在酒吧或餐廳消費，車資可以直接退回他們的帳戶中。因此，酒吧或餐廳可以自行設定要提供多少免費車資的預算，也能確定每位新客戶，一定會到自家酒吧或餐廳消費。顧客可以享受免費行程，酒吧和餐廳也可能獲得新顧客，「自由鳥」也能收佣金。

你確定嗎？

該應用程式使酒吧和餐廳，可以通過他們提供的免費乘車次數，來控制他們吸引顧客的時間和花費。酒吧或餐廳通常在較繁忙的時段，可能會決定提供很少、或者根本沒有車資獎勵。在平日較冷清的時段，可能會增加預算並「吸引」新客戶。研究表明，使用像優步乘車服務的顧客，在酒吧和餐廳的消費比開車的顧客多二〇%。通過提供使用乘車服務的獎勵，酒吧和餐廳將吸引高消費的顧客。

做得到嗎？

優步和來福車都開放了應用程式介面（API）架構，允許第三方應用程式直接使用自家平台。「自由鳥」直接連結顧客的優步和來福車帳戶，因此可以追蹤他們的行程，將行程與他們的信用卡消費連結。消費者使用的是無縫服務，但這套應用程式，讓酒吧或餐廳能確保他們支付的費用，只會用於在自家消費者身上。

一旦依照正確順序，建立了基本結構和價值元素，就能開始打造故事及連結概念。

伏筆

我們之前學過，伏筆是觀眾在聆聽、閱讀或觀看你的提案時，腦中應該要浮現的想法。「自由鳥」的伏筆，是顧客首次在酒吧或餐廳裡消費，才能享有免費行程。這一點非常獨特，因為可以確保顧客享受免費車資前先消費，這非常重要。特別是優步的平均車資是九美元，酒吧平均消費是二十六美元。

伏筆：「自由鳥」幫您直接帶顧客到店裡，再確保他們在您店裡消費，才能享受免費行程。

王牌和負面因素

要對兩者下定義和連結是很簡單的事。這個構想的負面因素太過龐大和明確，所以只要解決這項負面因素，就能為這個構想帶來優勢。

寇特採用了一則故事，內容是他們早期苦心推動一個構想。他們幫客人支付來餐廳的車錢，但完全無法保證客人真的走進店裡。他提到早期的試驗顯示客人會和朋友約在測試的餐廳，卻不進去消費，只能眼睜睜看著他們離開。這個問題很嚴重，因為這表示這項應用程式，根本只不過是付費廣告，酒吧只能祈禱客人在店裡消費。

但他們發現信用卡資料讀取科技後，一切豁然開朗。「自由鳥」可以從酒吧或餐廳讀取信用卡資料，尋找與客人信用卡卡號相符的資料。找到相符的資料後，系統可以自動提供補償金。

王牌：「自由鳥」並非經營免費車資，而是經營車資補償服務。

基本結構一旦建立好，其他部分和參與元素就能就位。

我們刪掉許多遠大的願景和想法，因為我們必須相信觀眾自己會想通。我們知道讓業主支付交通費的風險很大，但是下一章在講解提案開場及結尾時，各位會看到我們運用共乘經濟的規模和範圍，來說明這個市場的巨大潛力，根本不用努力陳述和證明。

我在個人網站上傳了「自由鳥」提案、簡報檔、宣傳影片，以及寇特對一家創投公司提案「自由鳥」的現場錄影。這段三分鐘提案非常精采，建議各位觀看。有一件事要注意：請留意寇特的簡報有多簡單（3minuterule.com/freebird）。這一點能為下一章講解如何使用簡報投影片做暖身。

各位已經了解完整的流程，現在請針對您的業務或創意，從頭至尾完成你的三分鐘提案。

「然後」才是重點

知名編劇兼電視大亨，史蒂芬・坎內爾（Stephen J. Cannel）是我的好朋友。他在我入行之初，教我如何編劇。

就算你沒聽過他的名字，你也知道史蒂芬的作品。他製作過好幾部史上最經典的電視影集，從《回頭是岸》（*The Rockford Files*）到《天龍特攻隊》（*The A-Team*），從《龍虎少年隊》（*21 Jump Street*）到《飛天紅中俠》（*The Greatest American Hero*）。各位都看過他的招牌片尾——有個男人從打字機上拉出一張紙，紙飄落下來，變成坎內爾電影工作室（Cannell Studios）的字母C。

史蒂芬是相當傑出的編劇，他影響了一些娛樂圈最偉大的編劇，包括電視製作人史蒂芬・布奇柯（Steven Bochco）、大衛・貝利薩里奧（David Bellisario），及編劇迪克・沃夫（Dick Wolf）。

史蒂芬的風格極簡單，這是他的天賦也是詛咒。他不會寫前衛、顛覆和暗喻的作品。他沒有這樣的特質，總是採取中庸，這就是他在生涯中寫過四十餘部電視劇的原因。因為簡單明瞭的故事，配上優秀的角色絕對是成功之道。大家都知道情節曲折離奇、懸疑難解的節目（例如《Lost 檔案》〔*Lost*〕），當然會成為大熱門。但這種劇每出現一次時，以刑事、警察或法律為題材的電視劇《CSI 犯罪現場》（*CSIs*）、《重返犯罪現場》（*NCIs*）、《法網遊龍》（*Law & Orders*）或《天龍特攻隊》這種播出多年的節目，都已出二十部以上了。

史蒂芬成為說故事大師靠的是兩大鐵則。

第一個是「一定要讓觀眾知道壞蛋的詭計」（希望你用不上這一條規則），第二個是「一定要為每個場景寫『然後』」。

如果你看過史蒂芬的影集，或是讀過他二十二本暢銷小說的其中一本（本人大力推薦），你會注意到故事在各個場景中進行的方式，就像「發生了這件事，然後他們做了這件事，又去了這裡。接著計畫是這樣，然後……」

故事以線性和連續的方式進行，引導你看完整的故事。你知道最後的結局，因為他不斷一點一滴提供訊息給你，所以你知道最後問題會解決。到高潮時，即使你知道故事會怎麼結束，你依然非常入戲，所以你中心期盼結局和你想的一樣。你有多少次不斷轉頻道，最後還是在看《CSI犯罪現場》或《日界線》（*Dateline*）新聞事件特別節目？他們是「然後」敘事技巧的佼佼者。

提案不需要曲折離奇

我是昆汀・塔倫提諾（Quentin Tarantino）、美國黑色幽默犯罪片《黑色追緝令》（*Pulp Fiction*）的鐵粉，也許各位也是。但它是徹底揚棄「然後」模式，卻能大賣的特例。如果有一部違反一般原則，卻大賣的電影或節目，那至少就有一千部，因未遵守這套模式而失敗的節目。

你的故事和三分鐘提案，是一個「然後」的故事——簡單、線性、清楚。最好觀眾能一路「然後」到結束，最好他們自認為知道故事結局、最好他們渴望自己偏愛的解決辦法，最好你的結論和他們的一樣。

我就是希望各位這樣提案、製作簡報和傳達資訊。我希望你會讓觀眾在你說出每則陳述和資訊後，下意識地說：「然後。」我們要做的是，撒美味又簡單明瞭的麵包屑。

我對許多客戶說：「你不是奈特．沙馬蘭（M. Night Shyamalan）導演，這不是超自然恐怖片《靈異第六感》（*The Sixth Sense*）。」別裝聰明、裝可愛，也別試著隆重揭曉，別誤導觀眾和給他們驚喜，別試著打破常規。

也許你是提案界的昆汀．塔倫提諾。可能是你會是天縱英才，可以打破常規，用自己的方式成功提案。但你的才華也很可能在其他領域。此外，想打破規則達成目標，遠比採用經過千錘百鍊的方法困難。這就是針對提案，我最喜歡的經驗法則是「別當簡報界的塔倫提諾」。

反覆檢討你的三分鐘提案，等到修改到你理想的樣子後，如果你願意，可以匿名發佈在我的網站上（3minuterule.com/my3minutes），我將挑出網站上最適合解說的提案來評論，方便各位觀摩學習。

傳話測試，看提案結果會如何

這是我最愛逼破大家進行的測試，很有趣也很發人深省。如果我能逼你做這個練習，我不會放過你。

你自認為清楚、簡單又好懂的內容，對別人可能不是這樣。

各位可能不明白，好萊塢優秀編劇的獨到的本領，就是能以相同的手法對所有人清楚地傳達意象、情感和故事。

你可能從沒想過，編劇都覺得自己寫出來的是傑作。這是因為編劇相當清楚所有動機和情感，全然了解其中的人物、曲折和故事元素。

想不到吧？並非所有編劇都擅長，讓觀眾用編劇的角度看故事和角色（聽起來不陌生吧？）。優秀的劇本和平凡的腳本的唯一區別，在於讀者能依前者的安排下，理解全部內容。各位聽起來應該不陌生，本書每一頁說的都是這個道理。

請看看你自己的三分鐘提案。我相信你一定能感受、知道、了解、欣賞和相信你的提案。你覺得它非常簡單，說不定還覺得太簡單了。那我們就來測試一下這個理論。

請各位聯絡朋友幫忙。挑一個對你的提案或簡報一無所知，甚至可能根本不知道你在計畫什麼的人。請朋友聽你提案，然後拜託他們打電話給其他人，對他們進行提案，再請這些人對第三人提案，最後第三人打電話對你提案。

你知道會結果會怎樣吧？

你或你的孩子可能在慶生會上玩過一種傳話遊戲。

你腦中的想法，應該會讓你又期待又怕受傷。我知道你不想這麼做，很多人會跳過這個練習，或只對一個人提案，就要他們轉述提案給自己看。但這是很棒的練習，各位應該欣然接受可以得到真實反饋的大好機會。就算只做三層的電話練習，你也會對收回的資訊感到訝異。你絕對想不到傳達過程中，會遺漏多少資訊。有些你覺得非常重要的元素，根本無法轉達。沒關係，你可以調整，但你需要這項資訊。

我坐在某家公司的會議室裡。這家公司拚命募資，想在網路上提供合法大麻的相關資訊。以便利又齊全的服務，提供大麻法規相關資訊，是一個很棒的點子。你對大麻有不懂的地方，他們能回答你。他們什麼都不賣，也沒進貨，純粹提供服務。就像美國線上免費牙醫推薦服務網站「1-800-DENTIST」，只是對象是大麻。

我打電話給我哥，請客戶基斯（大麻資訊達人）對他進行電話提案。他照辦後，我又把會議室的電話號碼給我哥。我說：「對你朋友提案這項概念，然後請他們對另一個朋友提案，再給他們這個號碼，請他們回電。告訴他們這是遊戲，必須要在一小時內回覆。」

掛電話後，我們繼續討論公事。四十五分鐘後，電話響了。大家在會議室裡興奮不已。我們把電話轉為免持聽筒。

「您好，請問是傑佛瑞嗎？有人要我參加遊戲，打電話跟您說創意提案？」傑佛瑞是千禧世代。千禧世代說話常以疑問句結尾。

「沒錯，傑佛瑞。請開始，我們在聽。」

傑佛瑞向我們介紹了一個大麻店的構想。這家大麻店儲存你的資訊，你可以隨時存取。它們有社群媒體服務，讓你尋找大麻產業的特定新聞。

結果真是糟透了。這根本不是基斯提案的內容。這證實了唯一倖存的資訊，是一支電話號碼。傑佛瑞非常清楚，如果對本州的法條有疑問，或是需要聯絡專精大麻問題的律師時，可以打這支電話。

這個練習真的很有幫助，我們因此知道了那些提案內容，能引起共鳴（大家較容易記住喜歡或吸引他們的資訊），也明白了基斯的想法看似清楚，但觀眾卻不懂。

這個遊戲我們玩了好幾次（其實我們把人脈都用光後，不得不買兩百美元的星巴克禮物卡，賄賂其他人來玩這個遊戲）。最終，基斯的最原本的提案和聽到的都一樣。那次通話真是令人興奮。

我懂各位可能會擔心害怕。我第一次放電影給陌生觀眾看也有這種討厭的感覺。或者當我不得不飛到拉斯維加斯，為一部電視節目訪談焦點團體，還付了二十五美元和三明治給十二個陌生人，請他們對我的節目提供意見時，也有這樣的感覺。我不只一次有股衝動，想把某人勒死。

但各位一定要面對真實的大眾和提案對象。他們早晚是各位要面對的人，所以實戰演練時，甘願面對才是上策。我可以向各位保證，你們一定獲益匪淺。

去玩這個遊戲、打電話，必要時請買禮物卡。

這個遊戲玩一次就會上癮。第一次的確感覺會很差。當你聽到的提案，不如你做的那樣精采有力，你會想尖叫：「你們到底有多蠢？」但最後你接電話，陌生人對你進行正確的提案時，你一定會開心得大叫。我見證過。

第 12 章

電影人、小說家愛用的鋪梗手法

我和美國知名節目主持人吉米・法隆相對而坐，隔著亂成一團的辦公桌，到處都是玩具、小玩意、照片和我根本不會形容的東西（我以為我的辦公室已經「夠忙」了）。這裡是紐約洛克菲勒中心三十號，我們坐在這間很怪奇的辦公室裡，一邊歇斯底里地大笑，一邊回想起美國影星卡麥蓉・狄亞和四十八隻兔子一起在吊床上的光景。

等一下，什麼？

對，你沒眼花：卡麥蓉・狄亞，和四十八隻兔子在吊床裡。真該多謝吉米。

吉米・法隆是無庸置疑的開場大師。

這就是本章的主旨。

我看過吉米在與全國廣播公司舉行的提案會議中，針對《怪奇紀錄秀》（*That's a Record*）節目的精采開場。他向電視台總裁介紹了 YouTube 如何改變了他搜索喜劇小品和娛樂的方式，他也說他的朋友全都這樣做。

他講述了卡麥蓉・狄亞看到一部把兔子玩偶放進吊床中，就創下世界紀錄的搞笑影片。她無法理解這算什麼紀錄或大事？所以吉米建議她在節目中打破這項紀錄。所有人都認為卡麥蓉不可能躺在吊床上，旁邊還放了四十八隻可愛的兔子玩偶。但她做了。

各位看過這段影片吧？如果還沒有，一定要看！

更重要的是，這建立了他「存在的意義」（我馬上會解釋），大家都想了解這個節目的概念。

吉米解釋說，一家澳洲讀廣播電台看到了卡麥蓉・狄亞的短片，決定打敗這項紀錄。那部影片因此爆紅，於是吉米再請卡麥蓉上節目打敗他們。她照做了。

接下來，吉米的名人好友全都來電討論他們在YouTube看到的好玩影片，以及想要嘗試的怪奇紀錄和特殊技能。想不到真的有個資料庫叫「紀錄創造家」（RecordSetter，原名為國際紀錄資料庫〔International Record Database〕）。這個資料庫可以追查大大小小的世界紀錄。只要提交文件和相關證明，他們就會將以分類。因此，吉米開始每週邀請名人好友和這間組織的兩名評審，上節目錄製搞笑又有趣的紀錄。

這就是我們《怪奇紀錄秀》的靈感來源。

這樣的安排看似平淡無奇，但是吉米的故事和安排實則細膩巧妙。

吉米運用的是一種稱為「鋪梗力」的講故事和互動技巧。**鋪梗力是先影響觀眾的想法，再開始做提案或簡報的過程**。這是好萊塢典型的敘事手法，電影製作人和小說家透過這種手法，讓你在故事開始前就有相當的感受和了解。這項技巧很重要，效果也很強。我發現後如獲至寶，開始詳細研究，它就成了我每次提案、簡報或說故事時，運用的核心要素。

我總是在研討會上問：「為什麼小鹿斑比的媽媽在電影開場就死了？」迪士尼可以輕易地把故事說成小鹿斑比迷路了，或乾脆不演出斑比媽媽去世的片段，或在片中晚點再演出這段。但用這一段開場，他們馬上能把你的情感和想法，精準帶入斑比的故事。各位回想這部電影，小鹿斑比的母親去世後，牠的旅程就開始了。小鹿斑比的媽媽與實際情節無關。

拿我最喜歡的美國電影《梅爾吉勃遜之英雄本色》（*Braveheart*）來說，拜託各位遷就我一下。電影開場是威廉・華勒斯（William Wallace）的父親出戰英格蘭人，但卻戰死而歸。現在我們準備看著這個小男孩上演王子復仇記，奪回他的國家。

這就是鋪梗力。

吉米・法隆之所以這麼擅長鋪梗，是因為喜劇演員幾乎在每個笑話中，都會鋪梗。他們在說笑點前，會先設定好場景和調整好你的思維。很多喜劇源自於小故事，所以他們相當擅長鋪梗。

我們提案《怪奇紀錄秀》時，吉米的開場白，重點就在於讓電視台購片員的情感和理智都想著：「我想看這個節目。」而且，在開始提案和解釋節目前，購片員很享受這樣的感覺。吉米說了卡麥蓉・狄亞和兔子的故事，以及他的名人朋友想怎麼樣做類似的搞笑短劇。這個故事只是開場。

讓我們回顧上一章介紹的主題，要如何打造一個讓聽者徹底中計的開場。在解釋提案前，先問自己希望觀眾有什麼樣的感覺或想法。說得具體一點，各位一定要思考他們最想從這場提案中得到什麼。各位設計的開場，要讓觀眾感覺到這是他們想要的感受。

記得我那位提案馬匹 Airbnb 構想的朋友薇吉妮雅嗎？她深知投資者想賺錢，希望他們覺得她的構想，是賺錢和奪得未開發市場的大好機會。

以她的提案為例，最好的開場就是簡單概述 Airbnb 爆紅所提供的優點和機會。她開場的關鍵就是 Airbnb 的實力，以及該公司推出服務時，努力讓創投家了解其價值時所遇到的問題。每個人都心想：「誰要去住陌生人的房子？」

接著她指出，短短數年內，消費者已經完全接受 Airbnb 的模式。共享經濟深植我們文化中，真是多虧有 Airbnb。

她再來打算告訴投資者，「Bed and Bale」就是馬匹的 Airbnb。她的潛在投資人已經了解到，Airbnb 及其商業模式已經廣為人知。消費者本來就所有了解——機會和架構也建立好了。她講述了 Airbnb 在建立用戶端、營運端平台，以及打造系統上所做的努力，證明了繁重的工作都已完成。各位現在明白了，所有馬主都會立即「心領神會」。

吉米以卡麥蓉、吊床和兔子做開場，向電視台主管強調，YouTube 是必看素材的重要來源。重點：吉米和他的名人朋友都能善用這一點。

找出提案存在的意義，做為開場

我正引導大家理解我所謂「存在的理由」。存在的意義能讓觀眾了解你如何接觸到這個想法或建議，它說明了為什麼你會感興趣、這個構想的來源，還有最重要的是，你如何確定這個是很棒的構想。

我們把它套入故事情境中思考。存在的意義就是：「現在你們懂我為什麼要說這個角色的故事了。」

小鹿斑比的媽媽死了；威廉．華勒斯的父親死了；Airbnb創造了市場（沒人死）；YouTube有一部很好玩的短片，所以我們把卡麥蓉．狄亞和兔子一起放進吊床。它無聲無息地告訴觀眾應該關心的原因。如果妥善執行，觀眾就能接受故事的可能發展方向，為接下來的故事和事件做暖身。這就像喜劇表演或搖滾演唱會中的開場表演——讓觀眾做好心理準備。

因此，各位需要找到自己的開場表演。開始前，請自問下面的問題：

- 我為什麼對這件事感到興奮？
- 我何時發現這個大好機會？
- 什麼因素使這件事成為大好機會？

- 當我明白如何實現這個目標時，第一個想法是什麼？
- 誰讓我認識到這些可能性？
- 我從哪裡得知？
- 這個構想的第一顆種子在何時種下？
- 我開始深入研究時，對什麼感到訝異？

這些問題能協助各位找到能做為提案，及設定存在理由的開場故事。

我與客戶共同打造簡報時，總會尋找存在的理由的兩大要素：

- 當你覺得這是好構想時
- 當你驗證過這是好構想時

第一個要素是開場的方式，第二個要素是「回鍋」的方式（我稍後會解釋）。

我在電視提案中的布局很具體。我總採用熱門節目的故事，以及我覺得有趣或引人注目的具體要素內容。我不久前才成功賣出類似《驚險大挑戰》（*The Amazing Race*）的競賽節目，只是主角換成絕頂聰明，能在全球揚名立萬的工程型人才。

我的提案是這樣開場：

「我們著手研究最近一些熱門節目，發現觀眾對於競賽的期望正在進化的有趣現象。」

這等於告訴買方，這件事值得深思。

「看看《美國好聲音》（*The Voice*）對《美國偶像》（*American Idol*）的影響。《美國偶像》的參賽者是才華橫溢的業餘人士，但是《美國好聲音》則是請頂尖歌手來做開場表演。《原始生活二十一天》脫胎自《我要活下去》（*Survivor*），並延攬野外求生專家上節目。至於《極限體能王》（*American Ninja Warrior*），簡直就是《百戰鐵人王》（*Wipeout*），只是請專家參加更艱鉅的體能障礙賽。

「觀眾的要求不斷在進化，希望看到夢幻般的競賽。我們發現沒有人將《驚險大挑戰》加以進化。這部拍了三十季的節目，讓倒楣的糊塗蛋在全球各地苦尋出路。現在該是使出全力，請專家加入節目的時候了。這個節目就叫《瘋狂衝刺》（*The Mad*

Dash）。」

我不到三十秒的開場清楚解釋我們節目靈感的來源。

各位想一想。

每項大型實境比賽節目都會改編成專家版，我們也為《驚險大挑戰》想出了一個。現在各位知道我們為什麼坐在辦公室裡，知道我為什麼花好幾個月努力簽下出演合約，又花好幾千美元製作題材。當時我在那間辦公室裡，和電視台有存在的意義。

現在買家知道為什麼會發生接下來的變化，也準備聆聽故事並加以理解。我只告訴買方，小鹿斑比是一頭小鹿，鹿媽媽剛過世，牠必須自己在森林中求生，接下來就是牠的故事。

找出提案存在的理由，妥善打造你的開場，把觀眾放在適當的位置，調整好他們的心態。先從觀眾對企劃案的期望著手，再尋找可以說明你發現如何陳述故事的過程。

這就是有效開場的方式。

貫穿提案的重點線索

有了存在的理由後，最好就能物盡其用。如果存在的意義強而有力，就該盡量加以強化。

在三分鐘提案的架構中，有個大好機會可以這麼做。

呼應是喜劇最常見的手法。因為使用這種手法的目的，是引人開懷大笑，所以非常明顯又刻意。看過單人脫口秀的人，一定看過這種手法很多遍。他們會早早打造故事和笑話的背景，然後在整段表演中不斷炒作這則笑話。這種手法總能逗人發笑，也能炒熱氣氛。

在電影或電視情節很難看出呼應的手法，因為必須刻意不落痕跡。在謀殺懸疑案中的呼應，可能就是那道線索（空牛奶瓶），一開始觀眾看不出來，但之後會越來越重要。在文藝喜劇片裡，情侶恍然明白先前早有際遇的那一刻（地鐵中的邂逅），就是他們墜入情網的真實信號。

在提案中使用呼應，就要不斷說明你的存在理由並加以驗證。打個比方，就是你講：「沒錯，就是這樣！」的那一刻。

這是銜接提案和介紹機會的好辦法。它能引領觀眾前進，告訴他們：「你們也看出來了吧？」

我們打造三分鐘提案的方式，非常適合這種呼應手法。優勢會讓人明白產品的優點，以及必須仔細聆聽的特點。

在確立自身優勢後，最適合使用這種手法。一旦陳述了本身優勢，你會自然脫口而出說：「現在你們懂了！」因此，最好把這種驗證鋪陳到呼應之中。

例如，我們在提案《酒吧救援》時，我在開場說的是，有線電視節目的標竿人物必須自大又專業；還有，想讓觀眾接受這種死個性，內容一定要有深度。節目要有實證，否則觀眾兩三下就知道有多假。

我提到地獄廚神高登．拉姆齊是出了名的好辯和刻薄，但他有真材實料當後盾，就是一名頂尖廚師。歌手選秀節目評審西蒙．高維爾嘴很賤，但他永遠是對的。你要是沒才華就死定了。我初識主持人喬恩．塔弗時，他幾分鐘內就展露不世的才華。

我在開場說得很清楚。我明白地說這個提案的出現，是因為我找到一個超有個性的人才，但他也具有豐富的知識和深度來做後盾。（溫馨小提醒：開場時，切忌裝腔作勢和誇大其詞。我很小心避免說喬恩會是下一個高登．拉姆齊，我也沒有說他會成為電視巨星。我說過，這些大男孩因自己的很有才華的緣故，他們蠻橫又好戰的個性，才沒有備受苛責——喬恩就有這樣的背景。）

現在回到《酒吧救援》的提案。我在開場後，提出了節目的伏筆和優勢（臀部窄道，你們怎麼能忘了臀部窄道？）。解釋完臀部窄道後，就是存在理由的最佳呼應時機。「聽我說，喬恩拿出他的酒吧設計藍圖，向我展示他如何利用『臀部窄道』時，我知道他絕不是徒有傲慢的人。喬恩對對酒吧瞭若指掌，就像高登是餐廳界之神一樣。」

看到沒？一切搭配得恰到好處！呼應就是要這樣用。我強調喬恩是知識淵博的專家，我在開場就說過了。最重要的是，我一開始並沒有直說。我讓事實和資訊發揮功效，不必先陳述再證明。用我提供的資訊，引導他們得出結論。

針對開場時說的存在理由，問自己：「我何時領悟到自己是對的？」是否有故事或關鍵，能驗證自己對提案的所有想法和假設？什麼事情讓你明白自己的想法是對的？

現在開場打造完成，說明了自己茅塞頓開的過程。現在請打造出屬於自己的呼應，一定有什麼因素，可以驗證你為何知道自己是對的。

這種方式，能引領觀眾進入你投入這個計畫時的經歷。最好觀眾對你的合理化故事有同感。你的經歷就是一則故事——一則說明你投入目的的故事。

你怎麼會有這種感受？過去發生了某件事，讓你參與其中，現在你正分享給別人知道。你的提案是一則故事，故事說：「這就是我相信這一點的原因。」請記住：如果他們能從你的觀點看待你的事業、產品或服務，他們絕對會興致盎然。

怎樣讓觀眾站在你的觀點？

首先，必須解釋你參與或感到興奮的原因（開場），然後說明故事內容（什麼）以及運作方式（如何），再解釋你怎麼確定這條路是對的（確定嗎？）。然後談談最痛苦的掙扎（萬念俱灰），然後解釋你如何加以克服和成果（你的伏筆），同時分享這是多神奇美妙的感覺（王牌），還有它如何持續引領你前進（呼應），所以現在你可以和別人分享（做得到嗎？）。

- 開場
- 這是什麼？
- 如何運作？
- 你確定嗎？
- 萬念俱灰
- 伏筆
- 王牌
- 呼應
- 做得到嗎？

故事打造好了，最精采的三分鐘成形了。

不需要結尾，刻意收場反而扣分

每次都有人問我這個問題：「我該如何做結尾？」在我們完成所有細節、重組架構，並微調提案元素的順序後，大家都在期待高潮，好進入最後的結尾。

太棒了！國慶煙火表演的重頭戲來了！準備聆聽交響樂結尾時喧囂的敲鈸聲和刺耳的小號聲。大家都殷殷期盼莎士比亞悲劇般的結尾。

三分鐘提案要怎麼結尾？我該怎麼漂亮地收場？

聽好了！你不需要，你不需要結尾，甚至根本不用結尾。

我們為這場提案嘔心瀝血，所以結尾幾乎不具影響力。（我好喜歡這句話。）

簡單來說，如果按照本書介紹的方式，進行了提案或簡報，那怎麼結尾根本沒太大的影響。

我以前常用順口溜或雙關語收場，呼應題目：「這就是為什麼電影《重金風暴》（*Run for the Money*）會得到重金投資！」或者一樣尷尬的話。但是我越來越常感受到瀰漫在會議室裡尷尬的氣氛，真讓人白眼翻到後腦勺。

截至目前為止，一切都很自然真實，所以過於刻意的收場，變得越來越不自然。所以別說了，你說夠了。

看過《創智贏家》的人就知道，一定會有一位創業家說：「鯊魚們，說吧！誰想和我們一起冒險？」評審團就會傳出悶哼和冷笑聲。參賽者高談闊論自己的事業和公司時，總散發出動力十足的感覺，接著冷不防又對大家說：「沒錯，我是在電視節目中，向你們提案的業餘人士。」

提案時切忌出現「提醒觀眾你正對他們做提案或推銷」的話語。不要提醒他們你演練過一千遍，而且對願意聆聽的人做相同的提案。要用故事和資訊引導他們的話，就要打造氣勢，並讓他們集中注意力。朗朗上口的結論句或雙關語不是提案的高潮（高潮在前面），所以切忌嘗試以順口溜當結尾。

我試驗過幾十種收場技巧，只要是刻意想出的結尾，都不會有效果。

最後，我終於發現效果最強的版本，就是什麼都不說，甚至根本不做結尾。

重點是，這只是你前三分鐘的提案，絕對可以更深入討論，不用總結後，再下台一鞠躬。

實際上，我用簡報軟體 Prezi 或 PowerPoint（簡稱 PPT）提案節目時（請繼續閱讀下一章，很重要），最後的投影片只有原始標誌，我反而一句話也沒說。有時我真的一個字都沒說，就是閉上嘴，展示標誌而已。

這又呼應了我「說得更少，效果更好」的核心原則。我清楚解釋了節目內容、運作方式，以及它會很好看的原因，也證明我做得到。還有什麼有價值的重點沒說？完全沒有。提案講完了，該是詢問「有問題嗎？」讓觀眾參與和討論的時候。

在任何情況下，這招都很管用。你在提案和簡報時，一定會面臨下面兩種形式的其中一種：

1. 參與討論：向一個人或小組簡報，接著直接討論。
2. 提案和簡報：有完整三分鐘的提案時間，也不用花時間回答特定問題。這種形式在公司簡介或大型團體中很常見。

這兩種情況都非常適用無結尾式收場。關鍵在於將提案階段和參與階段清楚分隔。

完成提案後，在提問或討論階段前，先暫停幾秒鐘。就像足球比賽後，會先播廣告，再進入賽後分一樣。

「既然各位都了解內容、運作方式和成功因素，現在我會回答各位可能有的任何疑問，同時分享大家可能感興趣的其他細節。」

我曾與一位非常風趣的線上博弈網站執行長共事。這間網站力圖與知名線上博弈產業龍頭「DraftKings」和「FanDuel」一較長短。他為人非常有活力，也很好笑。不過他做簡報時就是忍不住開玩笑，而且會自作聰明。

有些招數是有效，但讓人覺得輕浮又不受尊重。他旗下有一家上市公司，因此在簡報時，必須遵守另一層規定。所以當我們完成了三分鐘提案後，我請他以公司標誌當結尾。

「但我們還沒有講完，我還有很多資訊要講。」他說。

「我知道，但在核心提案後，明顯的中斷就是一個信號，代表你打算深入探討細節。」

這就是他的做法。其實，和我合作的上市公司幾乎全都遵守這種結構。最好能發出信號，告訴觀眾現在是問答時間了——即使他們其實也不打算發問也一樣。開始回答他們最可能提出的問題；另外也可以告訴他們其他有趣的資訊，等他們完全理解概念後，這些資訊就會變得更有趣，也更有價值。

從三分鐘法則得到的每一條價值陳述，終於能派上用場了。

如果提案完後先不講話，各位會發現接下來的十五秒內，會出現這場簡報中資訊最豐富，也最重要的互動。觀眾的第一個提問，就提供了所有必要的訊息。千萬要注意那些第一時間的提問。

搞定了！各位解決了最初、最棒和最有強大的三分鐘，萬無一失地掌握了三分鐘原則。對全世界釋放它的威力吧！

我們先喘口氣。

我討厭簡報投影片。

史帝夫・賈伯斯（Steve Jobs）說：「腦袋清楚的人不需要ＰＰＴ。」我知道各位很了解簡報內容，很可能也會用ＰＰＴ或其他軟體製作提案或簡報。這是無謂之舉，但是如果要使用，一定要正確地使用。

我最不願見到的，就是我們千辛萬苦打造的成果，竟然被簡報投影片抹滅。相信我，這種案例多不勝數。

第 13 章

簡報十誡，讓投影片從殺手變幫手

我沒見過各位，對各位也一無所知，但你們大概和我一樣，對簡報軟體感到不悅和反感。雖然這聽起來不太可能，但我真的很討厭簡報軟體。

很抱歉說話冒昧，但如果你使用的是PPT或Prezi或其他軟體，這很可能就是你出問題的一部分。

這不是你的錯。只是沒有人制定共同準則，害我們都被爛到爆的簡報軟體逼瘋。

所以要怪就怪所有人（我也有份）。

真要我猜的話，你不是把投影片當作讀稿機，念出觀眾讀過的內容，不然就是把簡報投影到螢幕上，讓他們自己閱讀，而不是聽你說。我幾乎可以斷定你還把投影片當成講義。

別再這樣做！

當我在研討會或專題演講中，解釋如何使用簡報投影片時，我總會問：「這裡有人是平面設計師嗎？有人是要宣傳自己製作精美圖案或簡報檔的能力嗎？」

從沒有人舉手過（我承認有過一次）。

「那你們就不必花心思在簡報檔的圖案或投影片上了。」

看過我在台上簡報或演講的人，就知道我都只用簡單的白底黑字投影片。就算我的團隊，是由全球最頂尖的平面設計師和動畫家組成，我真的只用簡單的白底黑字。

為什麼？

我只利用投影片強調我的資訊，不希望它們取代我的工作。而且我絕對不要讓它們分散觀眾的注意力。

精明幹練的觀眾見識過所有特效和資訊圖表、白板和3D動畫版本的提案。

就像我在整本書不斷強調的主旨一樣，他們要的只是資訊。

別搞錯了，製作看起來很專業的投影片或簡報檔是個好點子。它確實傳達了貴公司的形象。我也從沒看過公司只拿出簡陋的投影片和簡單扼要的提案。

實際的狀況絕對相反。他們把投影片製作得非常花俏，鉅細靡遺又色彩繽紛，還做了酷炫的轉場效果和飛入項目符號，不過資訊不完整又混亂。絕無例外。

我實在看過太多充斥著轉場、推動和擦除效果的投影片。這只說明了它有多不專業。附加特色不過是暗示觀眾，你想讓他們分心。

這絕不是你想要的。所以我才這麼討厭簡報投影片。它是史上最知名的簡報殺手，是對社會的威脅。我真受不了它。

在我擔任提案顧問之初（本書前文已詳細說明），我發現自己花在幫企業簡化投影片的時間，幾乎和簡化資訊的時間一樣多！

簡報軟體為什麼能把客戶（一度還有我）牽著鼻子走？

我過去常花好幾週和好幾千美元，為自己參與的每部節目設計、製作極其出色的簡報投影片。這些投影片好看得不得了，但回想起來，全然沒有必要，也無濟於事。

在我探索三分鐘原則的力量和建立我的技巧時，我發現這些設計精美、用心製作的簡報，反而讓資訊更困惑難懂。似乎每場新提案，我都在移除轉場、刪除變焦，再對團隊說：「放上圖片和文字就好，不必移動或跳舞。」

這套投影片簡化流程和我其他提案和簡報技巧一樣，同時都在進步。

我最後定出一套指南，可以讓我快速執行，幫助他人製作正確的簡報投影片。我覺得是老天派我積極阻止簡報軟體的爛規矩繼續流傳下去。

有一天，名人堂（Hall of Fame）發言人傑佛瑞・海瑞茲（Jeffrey Hayzlett）和我一起擔任評審。我大聲抗議我對投影片的不滿，以及它遭到大家濫用，傑佛瑞對我說：

「摩西只需要兩塊石板和十誡，就能讓人民搬家，你真需要更多工具嗎？*」說得真是對極了。

我把這些稱為簡報投影片的十個建議，訂了十條是為了比喻方便起見。如果你打算用簡報投影片提案，就應該遵守這十誡，就像我在你面前顯靈，你的書會突然著火一樣。懂了吧？

* 據《聖經．出埃及記》中記載，摩西帶領以色列族人脫離埃及的奴役，過了紅海，進入了西奈半島，並與上帝立約，承認上帝是唯一的真神，並接受了上帝刻在石版上的「十誡」。

做出好簡報的十建議

1. 別拿簡報投影片當講義

如果我可以從整本書中挑一句出來，叫人念了之後照做，應該是這句話：別拿簡報投影片當講義。這樣可以為世界省去許多麻煩。這絕對是我最常看到的錯誤。如果要發講義或「後續資料」，必須要有明確的用途。應該在簡報完再分發或提供。

講義通常涵蓋非常豐富的資訊，內容鉅細靡遺且很有用途。我喜歡在事後拿到厚厚一疊、寫滿詳細資訊、紙面又光滑的講義。但如果拿這些絢麗的頁面當投影片解釋時，問題就發生了。這樣既不好看，也不是恰當的形式。如果是要閱讀才能理解的圖表和數據，做成投影片也沒有用。再者，如果放上的是觀眾無法閱讀的投影片，內容小到看不清楚，所以無法討論的話，就浪費了螢幕空間和機會。

別被自己的資料奪走觀眾的注意力。

如果給觀眾講義，他們會先讀。無論如何，千萬別讓他們在你說話時有東西可以看，就這麼簡單。如果你想放投影片解說一些內容或測試，那就把標題和結論以外的文字都刪除，直接解釋圖表的來龍去脈。你最重要的目的，是利用投影片引導觀眾到你想揭露的重要資訊上。

這一點非常重要，所以我要重複一遍：在簡報時，切忌發講義給觀眾看。觀眾絕對會先看，他們會因此分心和不安，不把我們在流程、時機和結構所花的心力當一回事。如果你做了精美的講義，最好的辦法是先收起你的講義，然後說：「我在簡報完後會發給大家。」

簡報投影片和講義必須是不同版本。投影片的用途在於協助你簡報；講義則是加強你說過的話。這個規則很重要。

2. 謹慎使用動畫、轉場和字體

在即時通和社群媒體無處不在的世界，華麗的轉場和飛行動畫一點都不稀奇。大家都見識過了，不覺得有什麼了不起。

如果這些特效不稀奇，那為何要用？「飛行」或「溶解」關鍵詞，這能幫你傳遞訊息嗎？並不會。所以請小心使用。除了點擊畫面讓投影片出現外，我根本很少在換投影片時，使用轉場效果，或幫文字加上動畫。我之前說過，附加特色引不起觀眾的興趣，只會暗示你太操之過急——這還是你運用得當的時候。過度使用特效、特殊或奇怪的花招，會嚴重分散觀眾的注意力。

使用花俏或多種字體時也一樣。全球各大品牌，都盡量使用簡單乾淨的字體，是有理由的。花俏字體只不過說明你太過刻意。我強烈建議各位在投影片中只使用一種字體，最多兩種。現在軟體的下拉選單，字體琳瑯滿目，所以大家很容易過度玩弄字體。

這是一個想看你出洋相的陷阱，千萬別中計。

如果看到提案或簡報中有很多圖案特效、淡入淡出或草寫字體，我會覺得對方可能是業餘人士。別散發這樣的訊息。

3. 如果用不到，就不必放入投影片中

你不必把每件事，全用投影片或關鍵詞說出來。這是另一個常見的錯誤。說實話，我有時也難免犯這個錯。我會在提案時，發現自己把太多重點或想法放入一項要點或投影片中。我必須重新檢查，問自己：「這一點能推動故事嗎？」這是一個寫作自省問題，

激發編劇在劇本中的每個場景都要合情合理，因為編劇常會天馬行空，寫一些能營造個性或緊張感，或者真的很酷的場景，但實際上對推動故事發展一點幫助都沒有。

規則很簡單：如果用不到，就不需要。

只針對真正需要說明的想法或陳述，製作投影片和要點就好。所有放在螢幕上的投影片或重點，都要有原因。

4. 每張投影片最多只放六個關鍵詞

不要寫滿文字和列點。一張投影片列出十四項要點毫無意義。如果列出所有內容，就是把觀眾的注意力，分散到投影片上。這時候的螢幕上的投影片，反而成了重點。

一張投影片別列超過六句重點。保持畫面的簡潔和思緒的流暢。如果你要改談其他想法或部分，就用新的投影片。投影片千萬不要逼觀眾讀完要點。這些關鍵詞的功用，是強調談話重點，而不是代你指出重點。因此，盡量依序把關鍵詞顯示在螢幕上。要是在一張投影片上列出所有要點，才試著和觀眾討論，觀眾會先看完要點。

不必寫出完整的句子，關鍵詞的文法也不求正確。關鍵詞本來就不需要照字面解讀。我列出節目提案的關鍵詞清單時，一定盡量在一行內寫完。

- 句子不求完整。
- 簡單扼要。
- 強調要點，而非指出要點。
- 簡報投影片不是主角，你才是。
- 相信觀眾聽得懂。
- 訊息會傳遞成功。

看起來我在整本書不斷提到的便利貼吧？

沒錯就是這樣做！

5. 最多十張投影片

如果你力行前四個建議，這件事應該就很自然。但很可能你還是堅持使用一些自認有必要，但其實很多餘的投影片和概念。這條規則在三分鐘提案或簡報中，最多只能用十張投影片。超過十張就淪為展示投影片，而不是做簡報。請照第二七一到第二七二頁的分類，維持在十張以下。

三分鐘後，你可能要對觀眾講解一些或很多內容。如果我做的是專題演講或長時間簡報，我會盡量維持一張投影片，只講一分鐘的原則。

6. 別當讀稿機

所有簡報或演講老師都會給你這項建議和命令：別當投影片讀稿機。千萬別照著投影片念。但是我見過很多無法把三分鐘簡報投影片記下來的人，所以請容許我稍微放水一下。其實我提案過太多節目，有時我也沒辦法全部記熟。所以，我說別當投影片讀稿機，不是要各位把內容一字不漏地記熟。這是很棒的才能，只是不太重要而已。在理想的情況下，如果各位遵守這十項建議，投影片會很精簡，你們就不必照著念了。把投影片當作筆記，畫面出現的要點或圖片很有用，它們會提醒你想討論的重點。

我發現這樣能吸引觀眾的注意力，所以常在演講時運用這項技巧。通常我會停頓一下，轉身面對螢幕，再點擊下一張投影片或要點。然後我會念要點，並解釋來龍去脈。因為我的投影片和要點都很短，所以這就像一條天然頁面導覽路徑，只是我把這個技巧用來引導注意力罷了——引導觀眾要看什麼內容，同時帶他們看下一段內容。

別當投影片讀稿機，你說的內容都該讓觀眾以你設定的步調和順序，了解每一項要點。

7. 一千項要點，不如一張照片

我看過螢幕上卻完全沒有字，但卻是相當活潑有趣的簡報。如果能讓照片發揮威力，那會勝過一堆密密麻麻的文字。放一張倉庫的照片再形容，好過寫上尺寸和一堆設備清單的關鍵詞。

人類幾乎能立即處理視覺圖片，所以看到圖片後幾秒鐘內，才會把焦點轉到文字上。相較於使用文字，使用圖片來推銷概念效果好多了。有圖片就不必使用文字。

話說回來，簡單性和相關性也適用同樣的規則。千萬別在前三分鐘用上三十張圖片，也不要每個關鍵詞都放一張照片。應該放上能說明所有，或多數關鍵詞的照片。應該把照片當成效果強大的圖片，而非只是充版面。

8. 留白不可怕

投影片不必非有內容不可。我在專題演講時，常會好幾分鐘只放通用圖標或空白畫面。我要再次強調，我會叫觀眾看那裡及注意什麼。我在簡報過程中的每一秒都會這樣做。觀眾沒有時間、興趣或機會，觀看我不要希望他們看到的內容。當我沒有直接對螢幕上的文字或圖片發表言論時，螢幕上就不會有東西。這樣就能在我說話時引導觀眾注意我，當螢幕有內容時就會專心看螢幕。這樣會讓整個過程更從容和聚焦。觀眾自然會希望你主導整場簡報。

因此，請充分利用留白。如果在某些區域找到多餘的圖片或文字，那就放上圖標或留白。你會發現留白後的那張投影片相當引人注目。千萬要善用那一刻。

9. 調整節奏

使用簡報投影片可能會讓人講話速度變快。起初可能不明顯，但相信我，簡報投影片讓你感覺必須「抵達終點」，所以你著急地開始趕路，因為你急著要講下一張投影片。

請各位做一項很有效的練習。先別用簡報投影片，記下你簡報需花多久時間。然後使用投影片再計時一次。使用投影片應該會多出一〇%到一五%的時間。正確使用投影片的話，它們就會融入你的提案，也能和它們有一點互動。

如果發現使用投影片時，講話比較快，就要在投影片中找出你略過的元素。你可能會找到需要時間解釋的關鍵詞。我很常發現客戶提出的構想，其實需要解釋或頗具吸引力，但因為他們覺得那是簡化過的關鍵詞，所以使用投影片時，就草草帶過。

千萬記得，要根據提案製作投影片，不要本末倒置。別讓投影片決定你提案的內容或節奏。

10. 對內容瞭若指掌的人，就不需要投影片

賈伯斯可能說過這句話，但是我擔任職業推銷員的父親，在簡報投影片軟體問世前就貫徹了這項理念。投影片必須是簡報的輔助，而非主軸。太多人用它來說故事或傳達資訊，這是很艱鉅的任務。全球各地的執行長開會時都禁用投影片。為什麼？拿投影片

當主軸，只會重複說著廢話，又惹得觀眾不快。沒人想枯坐著聽完你念投影片，他們希望資訊傳遞時，能兼具效率和效果。成功的關鍵在於有幫助時，才使用投影片。

老實說，我甚至已經不常用投影片。我通常一本書、一卷帶子，或是一篇激發靈感的文章。我現在通常能清楚有效地傳達資訊，投影片感覺太占空間。我只在確實有用處，或需要詳細說明時，才會使用。

結合WHAC的投影片

現在各位完全掌握了這十項建議，這很重要，所以希望大家能重頭讀一遍。我會等你們。

目前為止，我還沒遇過客戶或任何人，第一次就能成功簡化投影片。這就像和導演合作拍電影一樣。他們用心拍攝每個場景，這種做法就像逼迫他們割捨自己的骨肉。

我只能努力勸有些人，理解簡化投影片的價值。這和勸他們簡化資訊一樣費力。

所以，請大家把十項建議再讀一遍。

大家熟悉後，現在來看該如何打造適合三分鐘提案的投影片。打造提案時，我們從你的業務、產品或服務擷取了所有深具價值的重點，同時強調它們的重要性。你掌握了最精華的內容。這是夢幻資訊隊。

請各位善用投影片，用它來強調和凸顯最具價值的觀點，再加以清楚說明。簡報是你的好幫手。你若是籃球員麥可・喬丹（Michael Jordan），它就是史考提・皮朋（Scottie Pippen）；你若是電影《星艦迷航記》的寇克艦長（Captain Kirk），它就是史巴克（Mr. Spock）。彼此相輔相成！

首先，我提供大綱：

開場（一張投影片）：賦予你存在意義的事實或圖片。向他們揭露或證明你發想的過程。

這是什麼？（兩張投影片）：最能清楚解釋的短句摘要或第一句話，就獨立做一張投影片。「自由鳥是讓酒吧、餐廳和夜店為客戶付優步和來福車行程費用的應用程式」，這張投影片寫這樣就好。下一張投影片可以寫其他三、四個清楚的論點。

如何運作？（兩張投影片）：在這裡放上明確的點句。形容功能的話，這裡最好以清單的方式呈現。

你確定嗎？（一張投影片）：通常可以在這裡放上簡單的清單。投影片上的圖表不用搭配密密麻麻的詳細數字，只要放上圖表並加以解說就好。讓觀眾有興趣在你提案後，要你提供證據並深入探討。

萬念俱灰（一張投影片，可不放）：如果有好的負面因素，就放進投影片當轉折。這樣表示你已經解決這個問題，也有信心和計畫加以克服。

伏筆（一張投影片）：用一張簡單的投影片凸顯並總結串聯一切的關鍵要素。

王牌（一張投影片）：我一定會放上說明優勢的照片。我在《酒吧救援》的提案中放了一張投影片，上面是喬恩在設計的酒吧藍圖，還有一個大箭頭指向「臀部窄道」。

呼應（不需投影片）：我們總想在投影片寫上自己是先知，但你要忍住。這要視狀況見機行事。例如，你聽到自己剛才提案過這一點，忍不住說：「懂我的意思了嗎？」如果寫在投影片上，就顯得不夠自然，有點老王賣瓜的意味。

你做得到嗎？（一張投影片，非必要）：如果你認觀眾或者他們認識你，或者這些行動方案的細節很明確，那真的就不必放投影片。簡單口頭解釋清楚就可以了。當我提案節目時，除非有非常獨特或特別的內容，否則我不用投影片說明實際製作方式。就算有，可能也會移到「你確定嗎？」這個部分。

所有電視台購片員都認識我，知道我有製作能力和製作品質。如果我想讓他們知道我們的節目製作成本很合理，有時我會討論預算，但我不會放一張投影片，上面還寫著「每集不到七十萬美元」。沒必要，用說的就行了。

這就必勝三分鐘提案或簡報的大綱。投影片不要超過十張。每張投影片都能幫你傳達資訊；每張投影片都能讓簡報更出色。

請各位退一步想。我敢說你這輩子一定有人用投影片向你提案。想像一下：如果你每次看到的投影片都只有十張投影片，上面只有簡單的關鍵詞和照片。說實話，要是大家都奉行這些準則，這世界會有多美好？

沒有投影片，也能精采提案

我父親畢生都是業務員。想來我是因此從中學到受益良多的道理。他曾在牙科藥廠上班，因此必須出差，向保險公司針對承保新療法提案。他們的構想，是你為所有客戶支付這項療程，那牙科理賠費用就會降低。這種提案會需要了解一些醫學術語和深奧的牙科知識，才能搞懂這項療程效果，因此有點複雜。了解這個道理的人，就能推斷出可以省下多少成本。

我父親飛往多倫多，面見業界數一數二的保險公司。他租了車，然後停下來吃點東西，接著才要入住旅館。有人趁他吃早餐時破車而入。他的行李包括簡報資料都被偷了。真悲慘。

當時簡報投影片根本還沒發明，我父親的簡報，全都是用真正的投影片和投影機。而且，當時也沒辦法「把文件用電子郵件寄給我，我去便利商店列印」。電子郵件還沒問世。當時是下午三點開會，他手上什麼都沒有，也不可能拿到資料。我父親沒有辦法，只能兩手空空去開會。他連西裝都沒有，身上還穿著旅行時的衣服。

他進入會議室，向八位高層解釋這樁意外，同時表示歉意，但他也莫可奈何。他開始解釋他的公司、療程和流程。他手上沒有臨床圖表或化學化合物圖形可以輔助，所以只能盡力做總結。他把簡報主軸鎖定在結果和自己背下來的重要細節。高層面前完全沒有文件可供他們翻閱。他們只能專心聽簡報，以及以眼神交流。

各位知道結果如何。

提案結束時，高層相當有興趣，不斷說著：「我想看這個資料。」「請把這些細節寄給我。」這和他素日參加這種會議所得到的反應比起來，這種結果顯然正面多了。

我父親對這種反應相當震驚。當他發現自己必須兩手空空開會時，真的滿頭大汗、六神無主。但走出會議室時，自覺是刀槍不入的十丈金剛。他常說那是他職涯中，表現最為頂尖的提案。

從那之後，他開始在提案後才發講義（但絕對穿西裝），這樣他就能一氣呵成地完成提案，再讓觀眾低頭猛看講義。

這是很棒的測試。如果完全沒有視覺或投影片的輔助，你還能不拖泥帶水地做三分鐘提案，你一定是箇中高手，提案也一定相當出類拔萃。

如果你貫徹了這本書中的步驟，現在一定自信滿滿。這是很簡單的事。檢視你的投影片，有沒有讓提案發揮效果？投影片有沒有大幅改善你的提案？請各位持續檢討，直到你覺得投影片有效果，以及圖片對你有益為止。當你找到最佳版本時，你馬上就會有感覺。

請各位前往我的網站（3minuterule.com/powerpoint）。我上傳了一些我的電視提案，方便大家了解我如何打造簡單扼要的簡報。此外，也記得看看「自由鳥」的募資簡報。如果你覺得自己搞定了，請把你的簡報投影片寄給我，我幫你就簡單俐落這一點來評分。

大功告成！該是談定交易的時候了吧？

大錯特錯！

第 14 章

別讓觀眾出戲，才是成功關鍵

「布蘭特，你在塗脣膏嗎？」那天我媽媽問我，絕對不是暗指我穿女裝。她講的是我給她看的投影片，上面圖表和特效吸睛有餘，清楚的資訊卻不足。我媽總說：「表達風格遠不及訊息本身重要。」

現在這個社會，如果提案方式不正確，耍一大堆花招不太可能拿到案子。方式正確，就不必耍花招。我們學的話術和銷售流程的技巧，多數已被資訊時代淹沒和扼殺了。實際上，的確有一些常見的風格、行動和成交技巧，會讓資訊效果打折。具有無助於提案的獨特風格和表達方式是一回事，但對你有害又是另一回事。最後一章代表我的未完的使命。每次各位提案時，我都要協助各位一勞永逸地解決這個問題。就像我的投影片之戰，我對簡單扼要的追求永不間斷。

就算到目前為止，各位製作投影片的方式都正確無誤，能夠傳遞最有用和最強大的資訊，還是很有可能搞砸這場簡報。來看該怎麼避免。

我在十年前決定從電視及電影製作人，轉職成為商務教練和講者，從此開始追求簡單扼要。

我當時在 3 Ball 製片公司掌管開發部。電視事業蒸蒸日上，銷售也呈爆炸性成長。

《餐廳大對決》（*The Restaurant*）在全國廣播公司收視率很好，《誰是接班人》（對，就是那部）也很受歡迎。美國超自然紀錄節目《捉鬼隊》（*Ghost Hunters*）和機車製造節目《超炫美式機車》（*American Choppers*）也大受歡迎。

這些熱門節目也帶來了大把鈔票和周邊商機。大量授權交易、產品線，以及巡迴表演機會，遠超出正常的電視製作週期。大家數錢都數得很開心，我們也想跟著一起數。《超級減肥王》是我們最熱門的節目。來自飲食計畫、健身器材及數十種其他與電視無關的利潤不斷湧入，讓這個節目迅速成為行銷和銷售的夢想。

我們請來業務開發主管寇特，替我們賣出的每部節目，極力搶下商機。他非常厲害。進公司沒幾個月就說動美國大型零售商沃爾瑪（Walmart）販售《超級減肥王》的產品，賺進大筆利潤。他有強烈的抱負，我們有強烈的欲望，市場也已成熟。

有一天寇特來找我，他說：「我在搞一件大事。」

「沒問題，我喜歡大計畫，是什麼事？」

「物色下一位超級業務員，類似《誰是接班人》，不過是業務員版。」他喜不自勝地說。

他看得出我意興闌珊。「呃……我們談過這種事了。這個點子不刺激。大家並不渴望當業務員。」

「亂講，」他回嘴。「六成勞動人口都在做業務工作。大家都在賣東西！這個市場很大！」

「但我可能賣不掉。」我還是皺著眉頭。

他繼續說：「但別管電視那一塊，那個市場很小。和我們從課程、系統，以及企業訓練中賺到的收入相比，電視節目根本就是小菜一碟。我們甚至可以花錢請電視台播節目。」

這倒引起了我的注意。

「我找到了一個傢伙。他能讓這個計畫成功。」他笑得合不攏嘴。

寇特隨後解釋，他找到一位企業銷售講師，事業很成功，在鏡頭前很上相，也願意全程參與。

「他是主持人，同時訓練和評判國內十二位頂尖業務員。就像《誰是接班人》，我們每週會提供參賽者特定的公司和產品，讓他們銷售。賣最好的人就是優勝者！」

我替他把話說完。「我們每週請一家想讓新產品亮相的新贊助商，叫這位專家教參賽者銷售產品之道。」

「沒錯！」他大叫。專門販售文書處理工具和服務的公司全錄（Xerox），絕對會砸大錢上節目，讓十二位參賽者想出銷售新機種的最佳方式。但這只是一半的優點。」

「不只這些？」我很有興趣。

「加入的贊助商，必須同意聘僱這位專家訓練整個業務部。這是贊助方案的規定。我們會開發出一系列教學影片和課程作業，納入銷售方案裡。這項商機非常龐大。」

我有同感，於是決定行動。

我的團隊擬出節目創意和形式大綱，同時著手準備資料。寇特和他的團隊苦心尋找贊助商，也初步打了幾通電話。

我知道商業構想比節目創意更誘人。就算我們真的在創意上下功夫，我也不太篤定節目本身會很精采。因此，我非常想見我們的銷售大師，能否激發更多節目的創意。

當戴爾（別名）加入我們團隊時，會議室聚集了十幾位員工。他和在個人網站上看起來差不多，充滿自信和微笑。

他開始教他先前幫全國各地業務員上的課程。這會是我們電視和商業概念的主幹。他爛透了。

他糟到一個不行，讓我想打斷他上課，叫他滾出這棟大樓。感覺像常態性單口喜劇，加上拙劣中古車業務員在給你建議和指導。

他滔滔不絕地談著「成交」，以及如何透過房間擺設來壓制客戶，讓我覺得很噁心。他還談到他教業務員掃描客戶辦公室的照片或線索，以便了解他們可能的興趣和嗜好，再教學生假裝有相同興趣，來套交情。他甚至舉了一個例子：他看到一張客戶抱著一條魚的照片，於是編出自己當漁夫的故事。他一邊歇斯底里地笑著，一邊解釋自己這輩子沒釣過魚，大概以為這是很光宗耀祖的事。

他甚至還講了「直呼客戶的名字，這是美妙的聲音」這個爛梗。用膝蓋想都知道，戴爾不是我們的未來電視之星。我們繼續挖他的底細後，發現他使用的資料竟然不是自己的心血，是從其他專家那裡竊取來的。

我很訝異地發現，竟然有這麼多不正確的資訊可以回收利用。

我就在那一刻，立志從事現在這份工作。

記得之後我對寇特說：「要是我說出或做出他教的東西，每次和電視台開會我都會被趕出來，變成電視台黑名單。」

寇特有點懊悔。他說：「也許應該由你來教才對。」

這是我頭一次覺得自己做的事，可能對大家有幫助。我腦子也很清楚，可以阻止任何人編出釣魚的故事，以試著和潛在客戶套交情。

別為簡報「塗脣膏」

從流行文化到網路迷因，到處都看得到「成交」的字眼。我很想把這些改為「資訊會自行成交」。這是我覺得需要廣為宣傳的話。

我們看到，對現今資訊飽和的觀眾而言，把焦點集中在你自己身上，會傷害資訊品質的危機。戴爾編出自己會釣魚的鬼話就是一個例子。

在電視、電影及舞台上，與直接和觀眾對話稱為「打破第四道牆」。這個概念是觀眾沉浸在故事裡，因此忽略或忘了自己在看專門為他們打造的電視節目、電影或戲劇這件事。打破那道「牆」會讓觀眾清醒，提醒他們在觀賞節目，而不是體驗節目。

這種手法有時挺管用的。《死侍》（*Deadpool*）就是非常成功的電影。片中經常運用這種技術，讓萊恩・雷諾斯（Ryan Reynolds）的角色直接對鏡頭說話。但這樣是為了有笑點，也把它整合到情節和角色裡。嘗試過這種手法的節目不多，成功的又更少。即使打破第四道牆的手法得當，也仍然是冒險的提議。

這就是問題所在：想像一下，在電影《梅爾吉勃遜之英雄本色》的最後一幕（不然還有那部？）如果看到攝影師的移動攝影車從畫面中開過去，或是懸吊式麥克風跑進畫面裡，又或者你看到舞台後方有舞台工作人員，或下一場的場景。

雖然場景和元素完全不變，但效果卻已不同。

為什麼不能看到音響設備？

因為這會把觀眾拉出劇情和情節，讓他們驚覺自己在看電影。它把焦點鎖定在故事的建立，而非故事本身。它打斷敘事者所說的擱置懷疑*。

電影工作者通常不想見到這種事。他們希望觀眾沉浸在角色和故事裡，希望觀眾跟著劇情發展，擁有身歷其境的體驗，直到電影結束。

你的提案也一樣。千萬別讓觀眾出戲，別提醒他們你正做推銷。你的提案是引導觀眾前進的資訊之路，一定要讓資訊當領隊。通常過分強調風格和個性會模糊資訊。別擋自己的路。

剛開始我很難做到這一點。我向來很推崇簡報要活潑、展現個性。通常我的熱情會搶走簡報內容的風采；更糟的是，這會稀釋了我簡報內容的真實性。

現在先回到脣膏那段，以及我母親在表演技巧上教了我什麼。

我母親很熱中參與國際歌唱組織「甜美愛德琳」（Sweet Adelines）。這是全球合唱比賽團體，在全世界二十四個地區擁有兩萬名成員。甜美愛德琳的每一個分會旗下都有多達一百五十位女團員。她們練習一整年，只為了參加類似超級盃的國際合唱決賽。成千上萬的女性身著亮片禮服，以無伴奏的理髮廳和唱形式在台上唱歌跳舞。看過音樂

＊ 擱置懷疑（suspension of disbelief）是在欣賞超現實主義作品（例如科幻題材的電影、小說）時，有意避免批判性思維或邏輯，以為了享受而相信它。

電影《歌喉讚》（*Pitch Perfect*）的人就想像得到，不過這是成人版，規模也盛大多了。

長大後，我母親越來越投入這個組織。她從合唱團指揮變成裁判，又成了裁判訓練官，然後變成國際裁判，最後當上全球組織總裁。她與全球各地的合唱團交流，訓練和指導他們，並訂定裁判評分標準。我聽說她被稱為甜美愛德琳裡的韋恩·格雷茨基（Wayne Gretzky，獲加拿大非官方最高非軍事榮譽，被許多人認為是冰球史上最偉大的運動員）。

我從小就聰明機伶，知道要經常向我母親請益。對於如何指導他人精益求精的理念，她的見解非常鞭辟入裡。在為觀眾開發新題目或主題前，我會先告訴她。

我母親給過我一項相當寶貴的建議，就是與簡報和個人表演技巧有關。

「布蘭特，你好像在塗唇膏。」

她指的是當合唱團想晉級，但分數卻碰到瓶頸時，她們總會下意識地在裝扮上下功夫。

我媽說：「她們會檢查自己的服裝、舞蹈或化妝。我叫她們要加強聲音的共鳴，她們不想聽。這要下很多苦工，她們很難接受。除非她們覺悟聲音才是關鍵，否則我無能為力。一旦聲音達到最佳狀態，化妝才重要，舞蹈才重要，亮片能讓她們閃閃發亮。每年奪得冠軍的合唱團，都是因為唱得最好，表演技巧只是凸顯她們的不同。」

當我指導提案時，也屢次發現相同的現象。客戶希望我告訴他們兩三下就能解決問題。他們希望聽到的問題是圖表不夠精美、領帶顏色不對，或是台風不夠穩健，因為解決這些問題，比改造內容或商業構想還簡單。

我必須告訴他們，**問題在於內容，不是簡報檔。重點是訊息，不是傳達訊息的媒介。**

我媽看到我努力為簡報投影片的內容濃妝豔抹，好掩蓋不夠簡潔的缺點時，她問：「你在塗唇膏嗎？」

她說得對。我無法清楚表達我的觀點時，或者不知道該怎麼說明我的想法時，我就會求助於個性和風格來過關。這時代表我沒盡力。因此當我發現自己犯了這個錯，就必須退一步，再多努力一點。得到資訊和最完美的故事後，才敢加入一些個人風格。

因此，絕對要先鎖定資訊，然後才是演講風格。

熱情很好，但別誤用

我太常聽到這句話：「提案要有熱情。」我了解熱情的概念，以及它對業務、產品或服務的影響；我也知道多數人覺得對簡報或提案一定要懷抱熱情。

我不反對這一點，但我要清楚聲明的是，簡報時充滿熱情，很有效果也很令人陶醉，但同時也非常危險，也容易遭到誤用。我告訴客戶：「對簡報懷抱熱情，就像走在刀尖邊緣上。使用越多次，邊緣就越細，跌得就越重。」

「熱情」只是熱忱、激動、投入或堅信的統稱。形容一個人對某件事有多興奮，實際上它就成了一種測量標準。

它的缺點就在於，你對簡報越興奮或越熱情，簡報的焦點就越在你身上。差別就在這裡，你要用熱情來凸顯或帶動故事，但不能搶走它的焦點。

在提案或簡報時要注意兩大危險地帶，因為這關乎你個人和我們所謂的熱情。

危險地帶一：熱情變成推銷

大家都會這樣：如果對業務、產品或服務展現熱情，就可能從熱情迅速變成推銷。這時觀眾會覺得你對「銷售」比較興奮，而非資訊或機會。觀眾會因此感覺你急著推銷，不是急著分享。它打破了第四道牆，破解了你在施的咒語。

你的熱情應該鎖定在資訊身上。切記：別讓熱情掩蓋了所有簡報要素。熱情就是一道波浪，漲潮時威力萬鈞，能夠彰顯關鍵資訊，退潮之後，就把資訊帶走。資訊才是主導因素，而非只是因為你在提案。與其說：「真期待激起各位的興趣！」你該說：「我要分享大好消息！」

你需要分享資訊，而不是做推銷。

如果變成做推銷，你的信譽幾乎立即被破壞殆盡。觀眾會開始質疑和懷疑你的事實和資訊陳述，因為他們開始相信你為了達成目標，死的都會被說成活的。觀眾現在超級敏感，常常拒絕這種推銷攻勢。

該怎麼避免淪為推銷模式？

信心。

不是對個人有信心，而是對資訊有信心。越相信資訊的品質、效果和價值，資訊就越能自動發揮威力。

假設我正拚命說服你聘用我為你下一個派對做外燴。我會計畫讓高登．拉姆齊擔任主廚，親自出席派對並監督晚餐的製作。如果有這些資訊，我需要說服你嗎？我進會議室做簡報時，心裡會不安嗎？我還需要說服你那晚會有多美妙？不會，我會讓資訊說服你。我會信心滿滿地讓事實發揮效果。是高登．拉姆齊耶！不必多說廢話。

話說回來，如果我計畫請一位從未為我煮過菜，我也從未見過的廚師，那我可能就不太敢說你會同意。我會覺得有必要努力推銷，才能說服你。我必須發揮創意，甚至可能得誇大或亂開支票才行。

從這些極端的例子可以看出差異。你越有信心，就越不覺得需要推銷。相信我，觀眾從你身上嗅得出這一點。你推銷得越努力，看起來就越沒信心，他們就越不可能相信你和信任你。

相信你的提案或簡報，會引導觀眾達成你的目標；相信觀眾光靠資訊，就會得出你要的結論。你不用發動攻勢或推銷，也不需要推銷過度。

這件事難度很高。因為人類基本天性，會促使我們在真心想要或需要時大力推銷。

我辦公室裡有一張海報，上面寫著：

越渴望實現目標，越可能將熱情化為推銷。

眾多的哲學研究報告證實了欲望引發行動的概念。

這不是什麼深奧的科學。欲望越強烈，就越想努力獲得。這樣的心態會讓你展現出不同（甚至奇怪）的動作，端看你渴望什麼而定。

在提案或簡報中，會淪為熱情、推銷的關鍵，在於你使用的字眼和使用的方式。

如果你在提案或簡報中推銷意味過濃，觀眾會感受到你對結果的渴望。如果你持續散發這種感覺，就會顯得很急迫。急迫是你最不該傳達出的感受。

你若淪為推銷，你就會想：**說清楚**、**多說點**、**大聲說**。

我們如果急迫地希望別人理解我們的觀點，這就是我們經歷的過程。當你憑直覺行事（例如生氣時），就能清楚看出這一點。請想像一下，你上次和配偶或其他重要人士大吵一架的時候，你可能聽到自己（或他們）在對話時說出這種話：「我沒這樣說！」「你說一百遍了！」「你是在大聲什麼！」你在生氣和對質時，會急著要對方理解你的觀點，這時直覺就會主宰一切。

你努力**說清楚**，認為要是其他人沒看到你的觀點，代表你說明資訊的措詞不正確，於是想用不同的方式或風格再說一次。你覺得很震驚，他們竟然「聽不懂」，因為你覺得很清楚，也拚命說得淺顯易懂了。

在提案或簡報時，努力說俏皮話或金玉良言，就會傳達急迫的訊息。彷彿你拚命用文字遊戲、耍花招來引導或逼迫觀眾。這就是我為什麼想提醒大家，使用神經語言學或傳播技巧要小心謹慎。觀眾會因此迅速察覺你真的努力「說清楚」。

讓資訊代替你發言，別讓觀眾感覺你在硬逼他們。

當你努力想**多說點**時，你會覺得這個人可能沒聽到你說話，或者不懂你希望產生的影響。所以你重複一遍又一遍。

最後你會不斷重複自己說的話。你會發現，如果自己越憤怒，就越會說一樣的話。這是因為你要對方聽到你腦子裡最重要又有力的陳述，如果事與願違，你就會再說一遍。這是提案或簡報常見的現象。你相信手上的資訊能有效傳達訊息，所以會多說幾次，確保能傳達給對方。不要這樣做。你一定要對資訊的效果有足夠的信心，讓它發揮功效。如果你再說一遍，他們可能就不會信。

當你**大聲說**時，你試圖讓重要和關鍵的事實，得到最高的重視。如果對話相當激動，你說話會越來越大聲，因為每次音量提高，都是在說：「快來聽這則資訊。」因為在你腦海裡，這就是你當時極力希望他們聽的資訊。大聲說，你才能贏得這場爭論。但爭論會越來越劇烈，因為你吼出來的內容沒達到預期效果時，你就得大聲再說一次。

在提案或簡報中，這種現象是以文字和風格來呈現。你會使用「響亮」的形容詞來提高音量，為你的字眼或陳述增色。請各位自問，使用過多少「革命性」、「突破」或「驚人」這類字眼來強化資訊？這些字眼不是非用不可。但是當你說出這些字眼時，就代表你想大聲說話。

這在編劇稱為「LYs」——過度使用修飾語的簡寫。大家公認業餘人員都用這種方式描述場景。劇作家會說這個角色「快樂地」接受了他的邀請，而非形容：「她眼睛一亮，露出一抹微笑，點頭接受邀請。」

編劇時用修飾語是很懶的行為。在提案或簡報時，用修飾語代表在推銷。

想避免提案或簡報淪為推銷，請回歸簡化資訊的核心，讓它發揮功效。對資訊懷抱熱情、對產品的價值懷抱興奮，讓觀眾覺得你逐漸興奮起來的過程，就像他們了解你的資訊後，會越來越興奮一樣。

讓資訊和結論引導你到目的地，不要本末倒置。

危險區域二：太過熱情，讓觀眾無法理解

這塊禁區無論如何都要迴避——也就是觀眾看到你滿滿的熱情和興奮，卻覺得你大驚小怪。

這不僅會讓觀眾不再注意你的資訊，也會讓觀眾仔細評估你和你的價值觀。這可不是什麼好事，別讓自己陷入這種局面。

有沒有遇過這種經驗：朋友大力推薦一部電影，但你看完後，不僅對電影失望，還心想：「誰會覺得好看？而且還大力推薦？」你對他們的品味會不會打折扣？這種印象會很難抹滅。

我三十年前大力推薦我爸媽看美國喜劇電影《英雄本詐》（*Diggstown*）後，到現在他們還是不相信我推薦的電影（本人大力支持《英雄本詐》）。

在這個時代，為什麼不同的政治立場會毀了友誼？因為過度熱情。你想不到有什麼正當理由要支持美國共和黨或民主黨——看你不支持哪一黨。這使得你不認同這個人。如果對方太過熱情，卻沒有正當理由，我們就想結束這段友誼。對於政治立場矛盾的人，沒有人斷絕友情。只有熱中政治的人，才會引發這種衝突。

熱情就是這麼有威力，同樣也很危險。

我常常收到爛到爆的節目創意和建議。其實外部製作人的提案中，大概有九八％的創意不夠好，不能拍成電視節目，其中一半更是差到不行。這在這個產業很常見。

但是我偶爾還是會遇到有些製作人瘋狂又熱情地提案爛點子。我不只會加以拒絕，更會告訴助理：「千萬別讓他們再進我的辦公室。」

實在有太多開發主管在面試時提出創意。面試本來進行得很順利，但他們冷不防說：「我覺得這創意很棒，想現在提案。請您先過目後，評斷我適不適任。」在我考量的人選中，不只一位讓我不得不說：「如果你認為這是好點子，那你不適合走這一行。」

對主觀元素充滿熱情，是一件危險的事。你的目標不該是表現你多讚賞自己的想法。你的熱情應該鎖定在事實才對。

我總告誡客戶，如果你的陳述前面可以加上「我認為」或「可能」，這就是意見，千萬別加油添醋。討論結果或事實時，才應該興奮。

以「自由鳥」為例，可以檢視信用卡費用，再比對消費者車費的這個事實，才讓人興奮。這件事徹底改變了服務的發展流程。寇特認為這「可能」改變廣告行銷與運輸的關係，這是一種見解和結論，不需要潤飾或強調。其實我反而叫他別提。

資訊會引導觀眾得出結論，他不必強行宣傳。

你對見解或結論感到興奮或熱情嗎？你有沒有興奮地對觀眾推廣見解或結論？

各位要相信自己的資訊，相信你的資訊和三分鐘提案，會引導觀眾認同你的見解，並得出正確的結論。

說得少，效果更好

我在第七章提過，各位從沒看過電影導演剪輯版，卻並不覺得沒出現的場景和另外那三十二分鐘的片段很有用。有這種想法並不稀奇。

這本書不是我最後的版本。各位讀的是編輯和作家的筆記，加上數十人為了打造最終版，在準備數種草稿時，花費心力和調整後，才得到的成果。這不是導演剪輯版。

幾乎所有創意試驗，都有改善和重要紀錄的流程，這一點也不奇怪。通力合作和外在影響力，常常可以造就更好的產品。各位不能害怕或忽略外部的意見，在同溫層裡絕對只會聽到自己的聲音。

隨著我在電視界的資歷越深，我也越有自主權。我買進和開發案子時，不太需要有人監督。但我總是抗拒這個現象。我為什麼需要監督？這是很棒的自我挑戰，但我始終覺得，如果我無法讓上司、老闆、行銷部或製作助理認同我的提案，又怎能奢望把節目賣給電視台播出？

擁有自主權通常會做事方便許多，對創意卻不一定有幫助。

因此，我給各位最後，也最重要的建議是，在完成資訊蒐集和簡化的所有任務，再執行便利貼、價值陳述到尋找王牌和伏筆等流程，將資訊打造成完美的三分鐘提案後，提案給別人看。

我知道問別人：「你覺得呢？」可能會讓你大受打擊。問六個人會聽到八種答案，因為所有人都喜歡發表高見。但這個練習很有幫助。提案給你覺得會喜歡和討厭的人看。討厭這場簡報的人通常幫助最大，讓他們盡情攻擊，這樣才能看出最大的弱點在哪裡。對於你有信心的部分，你會更有自信；對於你可能忽略的缺陷，你會有更充分的準備。

你可能正在塗唇膏。

再強調一次：關鍵在於你對資訊的信心。讓資訊說話，同時坦然接受檢視。

我強烈鼓勵各位看完這幾章，並成功打造提案或簡報後，請到「三分鐘法則」網站提出關於成功（或挑戰）的問題或故事，希望藉此做為最後的鼓勵。我喜歡「說得少，但效果更好」這項方案不斷成長的動力。它深深啟發了我向他人學習的欲望。

請與我聯絡，分享你的故事。

只要不超過三分鐘，我保證我一定會看。

致謝

由於我還沒得過奧斯卡獎或艾美獎，所以一直沒機會發表獲獎感言，讓我能感謝一路協助我走到今天的所有人。我看趁這個機會說好了。首先我要感謝美國所賦予我的一切。沒有美國和其象徵，一切都不可能成真。不只是完成這本書，我能成為今天的我，能擁有這些成就，全都歸功這個國家接受、擁抱我。對於為了這些機會而奉獻犧牲的先賢，我的感謝永銘於心。我深知自由必須付出代價。

我的妻子茱莉安娜（Juliana）在過去二十五年，始終是我最大的支柱和伴侶。我們在當初絕對想不到能有今天。妳仍不斷讓我感到啟發，不斷激勵我，也不斷讓我精益求精，謝謝妳。我的大兒子凱勒斯（Kahless）、女兒布莉安娜（Briana）和小兒子布雷登（Braden），每天都帶給我歡樂和靈感。

感謝我的父母瑪西雅（Marcia）和丹尼斯（Dennis）賦予了我一些討喜的特質，也包容了我多數不討喜的部分。他們大力支持我。給我的兄弟肖恩（Shawn），也是我最親密的盟友和最可靠的顧問：在我遭遇這段歷程中的所有挑戰和掙扎時，你是我的靠山，陪伴著我，更為我擋風遮雨。未來還需要你，愛你。

走完了這段不時漫長而艱辛的旅程後，本書代表我終於完成了天命，但也驅使我迫不及待動筆撰寫另一個激動人心的篇章。這本書能付梓，要感謝許多關鍵人士：

溫迪・凱勒（Wendy Keller）妳是催生這一切的中間人。我很慶幸自己聆聽並接受妳的指引。那是相當明智的決定。傑佛瑞・海茲萊特（Jeffrey Hayzlett）那天晚餐時我說：「我要向你看齊。」謝謝你指點我另一條明路，你一直是我的好友和顧問。菲爾・雷文（Phil Revzin）謝謝你幫我潤稿，讓概念更清楚。我的叔叔馬克謝謝你馬上行動，提供了一條捷徑。如果沒有「小型資本市場及微型股票投資人貴賓會議」，就沒有這本書，相信「Channelchek」網站將來必定會稱霸市場。考施克・維斯瓦納特（Kaushik Viswanath）謝謝你在週末寄信給我，拉我去藍燈書屋（Penguin Random House）出版社。我打從心裡覺得我找對了出版社，也找對了你這個夥伴，做得好！

大衛・佛斯特（David Foster）認識第一天，你就給我五千美元，還說：「不要為錢接受買賣，否則你會後悔。」你收留我住在你家，我想搬到洛杉磯時，你打電話給我太太。我對你獨到的眼光深信不疑。沒有你，我不會有今天。

馬特．沃爾登（Matt Walden）你是好友和心靈導師，我向你觀摩，了解到我對自己的期望。我永遠感謝你的指導。

西恩．佩里（Sean Perry）我的第一個經紀人和摯友。你始終在我左右，和我共事。你在第一天就告訴我，每場提案一定要和第一場一樣精采，這樣我才能闖出名號。這都是你的功勞。

艾瑞克．貝納特（Eric Benet）我最好的朋友和兄弟。我不知道黑人藍調歌手和加拿大白人創業家，怎麼會成為黑人弟兄，但是我們之間不必問原因。列名在專輯內頁，是我畢生最驕傲的時刻，我在這裡回報你。

洛恩．阿爾考克（Lorne Alcock）我最親密的老友。很難解釋，如果有人問洛恩是誰，他一定聽不懂答案。你催生了這一切，你比誰都了解我的生平。你永遠是這個星球上我最愛的人之一。

人生由一系列事件、關係、決策和行動構成。它們鋪成了通往今日的道路。有些事件在發生當下非常重要，但是對於多數事件來說，要等到很久以後回顧時，你才知道影響有多重大。當時的人，可能永遠不知道自己在你的人生道路上，對你產生什麼影響。能有性回顧我的幸運歷程，同時感謝引領我走到今日的人們和際遇，這是我的榮幸。這個意義遠勝於一本書。

我的第一位事業夥伴詹・格帕古拉（Jag Phagura）JAM的事多謝你了，那真是令人震撼的開始。我的第一位導師和靈感來源，伊萊・帕斯夸萊（Eli Pasquale），你教我志向要像星星一樣高，因為就算不成功，起碼也會落在月球。彼特・博德曼（Pete Bodman）及崔弗・帝默曼（Trevor Timmerman）凱奇・泰勒（Cage Taylor）一事，真是謝謝你們。沒有這段日子的話，絕對不會今日的成功。諾姆・基拉斯基（Norm Kilarski）謝謝你大力推動並聯絡大衛。非常感謝你一路來的支持。SHC的喬（Joe）和約翰（John）你們鼎力支持我，在我高中時也讓我第一次有了創業靈感。瑪琳・達荷西卡（Marinda Heshka）謝謝妳一路來的冷靜沉著。垮沃・桑切斯（Cuauh Sanchez）謝謝你在坎昆的人脈，當時真是關鍵時刻。戴夫・馬許（Dave Marsh）和詹姆士・勒米爾（James Lemire）謝謝你們豐富了我人生旅途中的回憶。柯克・蕭（Kirk Shaw）感謝你的大力協助和嚴厲的愛。

史考特．拉泰帝（Scott LaStaiti）我初至洛杉磯認識的朋友，誰想得到我們現在還是好友和好同事？你一直是我人生中的正面力量。傑森．海特（Jason Heit）感謝你讓史考特答應會面。我欠你這份情。傑夫．賈斯平（Jeff Gaspin）感謝你給我機會和支持，引發了契機；那一刻依然深植我心。蘭斯．克萊恩（Lance Klein）謝謝你在美國廣播公司停車場的那通電話會議中，告訴傑夫．賈斯平：「我們對他有更大的規劃。」阿里．伊曼紐爾（Ari Emanuel）謝謝你「那是在鎮上到處奔波的加拿大小子嗎？」的那通電話。麥格及史黛芬妮．沙維吉（McG and Stephanie）謝謝你們打了那通電話。瑪麗．亞勒（Mary Aloe）感謝妳推波助瀾，讓事情圓滿。傳奇人物迪柯．克拉克（Dick Clark）感謝他提供的機會。吉米．米勒（Jimmy Miller）感謝你叫我不要接受。麥特．強森（Matt Johnson）和史基普．布里頓納姆（Skip Brittenham）感謝你那場會議，並擔任我的第一位律師。麥克．格魯伯（Michael Gruber）感謝大膽相信一個不知天高地厚的臭小子。蓋文．雷登（Gavin Reardon）感謝那趟MIP之旅。蓋瑞．本茲（Gary Benz）感謝你讓我揚名電視圈。約翰．法里特（John Ferriter）感謝你打電話推薦，說：「但約翰不是我的經紀人。」安琪拉．沙琵洛–瑪西斯（Angela Shapiro-Mathes）謝謝妳提供了大好機會，希望妳和我一樣對結果很滿意。

喬・迪・洛斯（J.D. Roth）和泰德・尼爾森（Todd Nelson）謝謝你們讓我學到人生的一課。寇特・布蘭陵格（Kurt Brendlinger）謝謝你的熱情支持，你大大啟發了我。雷努特・奧勒曼（Reinout Oerlemans）謝謝你提供大聯盟曝光的機會。蓋瑞特・葛雷寇（Garret Greco）你是我的得力助手，你的表現依然可圈可點，你永遠都會像我的家人一樣。翠絲・蘭茲（Tracey Lentz）、麥克・麥達斯（Mike Maddocks）及安博西歐・亞維斯特魯茲（Ambrosio Avestruz）那真是難忘的經歷。泰德・溫斯坦（Todd Weinstein）我們一起成長茁壯，好在我的生活和工作中都有你陪伴。喬許・克萊恩（Josh Klein）你不斷讓我精益求精；在我認識的人之中，你也是極富創造力的人。奈特・塔夫洛夫（Nate Taflove）感謝你提前幫我編輯《富比世》，你幫我打好了基礎。克里斯汀・羅賓森（Christian Robinson）感謝你十五年來盡心與我合作，從電視到湖邊演出，你是最棒的。亞倫・馬里昂（Aaron Marion）感謝你的公關宣傳。譚婭・克里希（Tanya Klich）感謝妳提供平台。

漢克・科恩（Hank Cohen）感謝你誠摯的友誼和支持。我們把那艘太空船賣給福斯電視台後，你就一直是我的靠山。你多方照顧，真的感激不盡。狄恩・蕭爾（Dean Shull）和傑克・潘特藍（Jake Pentland）謝謝你們的編輯；尚恩・萊利（Sean Reilly）謝謝你幫忙驗證；伊萊莎・魯賓（Elycia Rubin）謝謝妳提供人脈。

這本書集結了我在好萊塢所培養出的技能，但一切都要歸功於多年來影響我至深的傑出友人，他們教導我許多人生及商務的道理。

馬克・默爾（Mark Murr）謝謝你總是擔任我的萬事通。喬治・薩瓦多（George Salvador）謝謝這位 OG Hustle 的歌迷。在我們還搞不清楚狀況時，你就把事情打理好了。艾倫・加拉赫（Ellen Gallacher）網路事業差一點就成功了，謝謝妳。馬克・庫普斯（Mark Koops）謝謝你散發著英國式的陽光生活觀，還有在我失業後照顧我，這一點我永誌不忘。拉比・哥藍（Rabih Gholam）謝謝你早上總來電叫我起床。喬爾・齊默（Joel Zimmer）謝謝你從馬里布時代（Malibu）到現在都在。薩莉安・薩爾薩諾（SallyAnn Salsano）謝謝妳讓我大開眼界，原來人可以這麼認真，我非常讚賞。傑森・丁斯莫爾（Jayson Dinsmore）、亞倫・羅斯曼（Aaron Rothman）、和伊萊・弗蘭克爾（Eli Frankel）我們是四騎士，看看我們差點成就的大膽之舉。傑夫・凱爾（Geoff Kyle）、艾爾・麥克貝斯（Al McBeth）、摩根・岡薩雷斯（Morgan Gonzalez）和基思・艾倫（Keith Allen）感謝你們讓我跳脫好萊塢思維。帕拉格・馬拉迪（Paraag Marathe）我萬分珍惜我們的友誼，感謝你做的一切。貝絲・斯特恩（Beth Stern）謝謝妳給了我動物救援的靈感。傑夫・巴特勒（Jeff Butler）你是我的摯友，也是極為優異的領袖及企業家。我的人生因為有你而更美好。

感謝我的大家庭。艾倫・平維迪奇（Allan Pinvidic）你是是模範哥哥。瑪歌（Margot）阿姨和戴安娜（Dianne）阿姨讓我在小時候就給了我創造性的平衡。我的祖母瑪格麗特（Margaret）謝謝妳永遠做我腦海中的聲音。安托尼尼幫（The Antonini clan）馬帝（Marty），謝謝你灌輸我這樣放音樂的概念。柯瑞（Cory）Fuddruckers 俱樂部會所教學手冊一事，真謝謝你。連恩（Len）、凱莉（Kelly）、羅伯（Rob）、邦妮（Bonnie）、艾德（Ed）和蒂妮（Deanie）謝謝你們令我「眼花撩亂」的時光。艾德，我太太絕對忘不了。麥克（Mike）房子一事多謝你了。托尼（Tony）我媽媽的事謝謝你；克莉斯汀（Christine）謝謝妳做我們異鄉的媽媽；露易絲（Louise）謝謝妳做自己。布蘭登（Brandon）謝謝你在車輪掉下來時幫忙裝回去。路易（Lui）和瑪莉（Marie）謝謝你們做的一切，以及建立一個好榜樣。

最後，我的堂妹翠夏（Tricia）妳是認識的人當中最堅強、最具韌性和啟發性的女性。願主保佑妳。妳啟發我要把握當下，害怕時要勇敢承認，還有要過得一天比一天好。

關於作者

布蘭特．平維迪克擁有逾二十年的製作、創作和執導電視節目及電影豐富資歷，他發展出高階投售簡報技巧，並將這些技巧傳授各行各業的人士。在加拿大出身微寒的他，在好萊塢力爭上游，獲譽業界最強也最具活力的創意銷售達人。

平維迪克汲取他在好萊塢生涯中所開設的生活、商務及說故事課程的精華，用以打造出連結娛樂界和商界的獨特橋梁。二〇一九年，企鵝藍燈書屋發行了他眾所期待的《簡短卻強大的三分鐘簡報》，書中詳盡介紹「WHAC法」的系統，從《財富》百強執行長到家長會長等數百名人士皆獲益不少。

在擔任電視電影製片人逾十五年生涯中，布蘭特曾為幾乎美國所有電視台、第四台和數位頻道創造、開發、銷售並製作出三百多套電視節目。二〇一六年，他自立門戶成立自己的製作公司之前，曾擔任探索傳播公司（Discovery Communication）TLC旅遊生活頻道高階副總裁及全球大型製作公司 3 Ball Entertainment 的總裁兼營運長，推出諸如《超級減肥王》、《酒吧拯救》、《廚神當道》（*MasterChef*）和《完全改造：超級減重篇》等熱門節目。

二〇一五年，平維迪克製作、執導並演出他第一部長篇紀錄片《臉書啟示錄》（*Why I'm not on Facebook*）。這部影片大受好評，榮獲曼哈頓電影節頒獎肯定，並在全球五十多個國家和地區放映，DVD在亞馬遜和沃爾瑪等各大零售商上架販售。續集《寶可夢啟示錄》（*Why I'm Not On PokemonGo*）在全球電影節上放映，榮獲六項「最佳紀錄短片」大獎，下載超過一百萬次。

《啟示錄》系列大獲成功之後，布蘭特推出《啟示錄》播客。節目邀請各行各業的來賓，包括美國女子足球運動員霍普．蘇露（Hope Solo）、羅伯．洛（Rob Lowe）、黑人短片王金．巴赫（King Bach）、美國演員諾蘭．古德（Nolan Gould）等人。節目在 Afterbuzz TV、iTunes 和 Podcast One 上推出，迅速躍升所有平台榜首，下載總數超過一百萬次。

在加拿大長大的平維迪克，是一名連續企業家。他募集數百萬美元，創立經營過數十家公司，管理數千名員工，所得財富也曾大起大落。後來，平維迪克轉戰娛樂業，他善用創業多年所得到的教訓，在創意及執行領域迅速竄升至高階主管。

平維迪克也對生命充滿熱情並擁有無窮的精力。他持續尋求冒險，渴望嘗試新事物。平維迪克透過他的非營利旅遊冒險社團——反平淡俱樂部（Reject Average），帶著朋友、同事和客戶踏上別出心裁的冒險旅程，希望他們能脫離舒適圈，投入令人讚嘆的冒險旅程。

平維迪克和高中女友結縭二十多年。這個顧家好男人在加州南岸專心照顧三個孩子。他和社區關係緊密，透過他成立的慈善機構朱利安特基金會（The Juliant Foundation）籌辦了許多慈善組織和活動，包括年度慈善高爾夫錦標賽（協助聖裘德兒童醫院〔St. Jude's Children's Research Hospital〕）和針對懸崖國中生舉辦、為期一週的 E3 企業家培訓營。

平維迪克個人對動物援救極度熱心。他養的寵物火雞亞爾伯特感染超級病毒家後，成立了亞爾伯特火雞救援基金會。布蘭特夫婦位於洛杉磯的家中飼養了他們救出的數百隻大大小小的各種動物。成員組合不斷進化，目前已有救生犬、貓和馬等新成員加入。

360W 宏

翻轉學 翻轉學系列 058

簡短卻強大的 3 分鐘簡報

好萊塢金牌導演教你「WHAC 法」成功提案，用最短時間說服所有人

The 3-Minute Rule: Say Less to Get More from any Pitch or Presentation

作　　者　布蘭特．平維迪克（Brant Pinvidic）
譯　　者　易敬能
總 編 輯　何玉美
主　　編　林俊安
校　　對　許景理
封面設計　張天薪
內文排版　黃雅芬

出版發行　采實文化事業股份有限公司
行銷企畫　陳佩宜．黃于庭．馮羿勳．蔡雨庭．陳豫萱
業務發行　張世明．林踏欣．林坤蓉．王貞玉．張惠屏
國際版權　王俐雯．林冠妤
印務採購　曾玉霞
會計行政　王雅蕙．李韶婉．簡佩鈺
法律顧問　第一國際法律事務所　余淑杏律師
電子信箱　acme@acmebook.com.tw
采實官網　www.acmebook.com.tw
采實臉書　www.facebook.com/acmebook01

I S B N　978-986-507-281-0
定　　價　360 元
初版一刷　2021 年 4 月
劃撥帳號　50148859
劃撥戶名　采實文化事業股份有限公司
104 台北市中山區南京東路二段 95 號 9 樓
電話：(02)2511-9798　傳真：(02)2571-3298

國家圖書館出版品預行編目資料

簡短卻強大的 3 分鐘簡報：好萊塢金牌導演教你「WHAC 法」成功提案，用最短時間說服所有人 / 布蘭特．平維迪克（Brant Pinvidic）著；易敬能譯 . – 台北市：采實文化，2021.4
320 面 ; 14.8×21 公分 . -- (翻轉學系列 ; 58)
譯自：The 3-Minute Rule: Say Less to Get More from any Pitch or Presentation
ISBN 978-986-507-281-0（平裝）
1. 簡報
494.6　　110001791

翻轉學

翻轉學